计算机科学与技术专业核心教材体系建设——建议使用时间

课程系列	一年级上	一年级下	二年级上	二年级下	三年级上	三年级下	四年级上	四年级下
基础系列	大学计算机基础	离散数学（上）信息安全导论	离散数学（下）					
电类系列		电子技术基础	数字逻辑设计 数字逻辑设计实验					
程序系列	计算机程序设计	面向对象程序设计 程序设计实践	数据结构	算法设计与分析	软件工程 编译原理	软件工程综合实践		
系统系列		计算机原理	操作系统	计算机系统综合实践	计算机网络	计算机体系结构		
应用系列					人工智能导论 数据库原理与技术 嵌入式系统	计算机图形学		
选修系列							机器学习 物联网导论 大数据分析技术 数字图像技术	

面向新工科专业建设计算机系列教材

算法设计与问题求解
（微课版）

邓泽林　李　峰◎编著

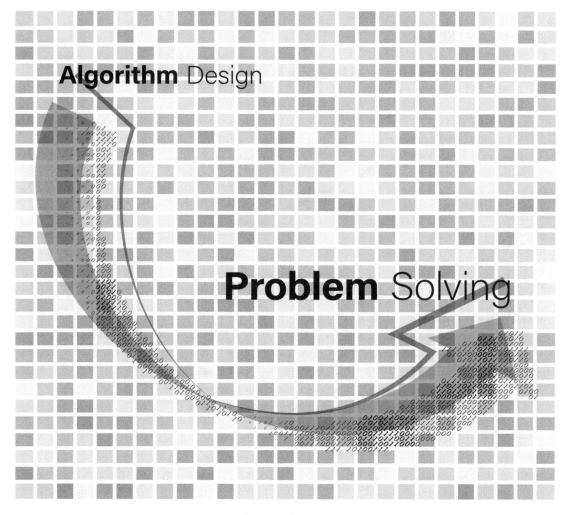

清华大学出版社
北京

内 容 简 介

本书是为以算法设计、问题求解为阅读目的的读者编写的教材,注重培养读者的算法设计与分析、问题求解的能力。本书读者需要掌握程序设计、数据结构等基础知识,并具备一定的编程能力。

本书以算法设计与分析为主线,通过问题和案例引入内容,重点讲解利用算法求解问题的思路、算法执行过程及能力拓展。本书主要内容为算法基础、蛮力法、递归法、分治法、贪心法、回溯法、分支限界法、动态规划法、图算法、随机算法等,讲解了背包问题、任务分配问题、批处理作业调度问题、最优装载问题、旅行商问题、计算几何等经典问题,并提供了能力拓展环节,引导读者开展算法应用实践。算法使用C语言程序、伪代码等形式加以描述,并用图解的形式详细描述算法的执行过程,使读者能够深入了解算法的运行过程和结果。

本书可作为本科院校算法设计与分析的教学用书,也可作为从事算法设计的科技人员、算法竞赛选手的参考书及培训教材。

本书封面贴有清华大学出版社防伪标签,无标签者不得销售。
版权所有,侵权必究。举报:010-62782989,beiqinquan@tup.tsinghua.edu.cn。

图书在版编目(CIP)数据

算法设计与问题求解:微课版/邓泽林,李峰编著. —北京:清华大学出版社,2022.7
面向新工科专业建设计算机系列教材
ISBN 978-7-302-61369-5

Ⅰ.①算⋯ Ⅱ.①邓⋯ ②李⋯ Ⅲ.①电子计算机-算法设计-高等学校-教材
Ⅳ.①TP301.6

中国版本图书馆CIP数据核字(2022)第124636号

责任编辑:白立军
封面设计:刘 乾
责任校对:焦丽丽
责任印制:朱雨萌

出版发行:清华大学出版社
    网　　址:http://www.tup.com.cn, http://www.wqbook.com
    地　　址:北京清华大学学研大厦A座　　邮　编:100084
    社 总 机:010-83470000　　邮　购:010-62786544
    投稿与读者服务:010-62776969,c-service@tup.tsinghua.edu.cn
    质量反馈:010-62772015,zhiliang@tup.tsinghua.edu.cn
    课件下载:http://www.tup.com.cn,010-83470236
印 装 者:三河市铭诚印务有限公司
经　　销:全国新华书店
开　　本:185mm×260mm　　印　张:16.25　　插　页:1　　字　数:379千字
版　　次:2022年8月第1版　　　　　　　　印　次:2022年8月第1次印刷
定　　价:54.00元

产品编号:093311-01

出版说明

一、系列教材背景

人类已经进入智能时代,云计算、大数据、物联网、人工智能、机器人、量子计算等是这个时代最重要的技术热点。为了适应和满足时代发展对人才培养的需要,2017年2月以来,教育部积极推进新工科建设,先后形成了"复旦共识""天大行动""北京指南",并发布了《教育部高等教育司关于开展新工科研究与实践的通知》《教育部办公厅关于推荐新工科研究与实践项目的通知》,全力探索形成领跑全球工程教育的中国模式、中国经验,助力高等教育强国建设。新工科有两个内涵:一是新的工科专业;二是传统工科专业的新需求。新工科建设将促进一批新专业的发展,这批新专业有的是依托于现有计算机类专业派生、扩展而成的,有的是多个专业有机整合而成的。由计算机类专业派生、扩展形成的新工科专业有计算机科学与技术、软件工程、网络工程、物联网工程、信息管理与信息系统、数据科学与大数据技术等。由计算机类学科交叉融合形成的新工科专业有网络空间安全、人工智能、机器人工程、数字媒体技术、智能科学与技术等。

在新工科建设的"九个一批"中,明确提出"建设一批体现产业和技术最新发展的新课程""建设一批产业急需的新兴工科专业"。新课程和新专业的持续建设,都需要以适应新工科教育的教材作为支撑。由于各个专业之间的课程相互交叉,但是又不能相互包含,所以在选题方向上,既考虑由计算机类专业派生、扩展形成的新工科专业的选题,又考虑由计算机类专业交叉融合形成的新工科专业的选题,特别是网络空间安全专业、智能科学与技术专业的选题。基于此,清华大学出版社计划出版"面向新工科专业建设计算机系列教材"。

二、教材定位

教材使用对象为"211工程"高校或同等水平及以上高校计算机类专业及相关专业学生。

三、教材编写原则

（1）借鉴 *Computer Science Curricula* 2013（以下简称 CS2013）。CS2013 的核心知识领域包括算法与复杂度、体系结构与组织、计算科学、离散结构、图形学与可视化、人机交互、信息保障与安全、信息管理、智能系统、网络与通信、操作系统、基于平台的开发、并行与分布式计算、程序设计语言、软件开发基础、软件工程、系统基础、社会问题与专业实践等内容。

（2）处理好理论与技能培养的关系，注重理论与实践相结合，加强对学生思维方式的训练和计算思维的培养。计算机专业学生能力的培养特别强调理论学习、计算思维培养和实践训练。本系列教材以"重视理论，加强计算思维培养，突出案例和实践应用"为主要目标。

（3）为便于教学，在纸质教材的基础上，融合多种形式的教学辅助材料。每本教材可以有主教材、教师用书、习题解答、实验指导等。特别是在数字资源建设方面，可以结合当前出版融合的趋势，做好立体化教材建设，可考虑加上微课、微视频、二维码、MOOC 等扩展资源。

四、教材特点

1. 满足新工科专业建设的需要

系列教材涵盖计算机科学与技术、软件工程、物联网工程、数据科学与大数据技术、网络空间安全、人工智能等专业的课程。

2. 案例体现传统工科专业的新需求

编写时，以案例驱动，任务引导，特别是有一些新应用场景的案例。

3. 循序渐进，内容全面

讲解基础知识和实用案例时，由简单到复杂，循序渐进，系统讲解。

4. 资源丰富，立体化建设

除了教学课件外，还可以提供教学大纲、教学计划、微视频等扩展资源，以方便教学。

五、优先出版

1. 精品课程配套教材

主要包括国家级或省级的精品课程和精品资源共享课的配套教材。

2. 传统优秀改版教材

对于已经出版的、得到市场认可的优秀教材，由于新技术的发展，计划给图书配上新的教学形式、教学资源的改版教材。

3. 前沿技术与热点教材

反映计算机前沿和当前热点的相关教材,例如云计算、大数据、人工智能、物联网、网络空间安全等方面的教材。

六、联系方式

联系人:白立军

联系电话:010-83470179

联系和投稿邮箱:bailj@tup.tsinghua.edu.cn

"面向新工科专业建设计算机系列教材"编委会

2019 年 6 月

面向新工科专业建设计算机系列教材编委会

主　任：
　　张尧学　清华大学计算机科学与技术系教授　中国工程院院士/教育部高等
　　　　　　学校软件工程专业教学指导委员会主任委员

副主任：
　　陈　刚　浙江大学计算机科学与技术学院　　　　　　院长/教授
　　卢先和　清华大学出版社　　　　　　　　　　　　　常务副总编辑、
　　　　　　　　　　　　　　　　　　　　　　　　　　副社长/编审

委　员：
　　毕　胜　大连海事大学信息科学技术学院　　　　　　院长/教授
　　蔡伯根　北京交通大学计算机与信息技术学院　　　　院长/教授
　　陈　兵　南京航空航天大学计算机科学与技术学院　　院长/教授
　　成秀珍　山东大学计算机科学与技术学院　　　　　　院长/教授
　　丁志军　同济大学计算机科学与技术系　　　　　　　系主任/教授
　　董军宇　中国海洋大学信息科学与工程学院　　　　　副院长/教授
　　冯　丹　华中科技大学计算机学院　　　　　　　　　院长/教授
　　冯立功　战略支援部队信息工程大学网络空间安全学院　院长/教授
　　高　英　华南理工大学计算机科学与工程学院　　　　副院长/教授
　　桂小林　西安交通大学计算机科学与技术学院　　　　教授
　　郭卫斌　华东理工大学信息科学与工程学院　　　　　副院长/教授
　　郭文忠　福州大学数学与计算机科学学院　　　　　　院长/教授
　　郭毅可　上海大学计算机工程与科学学院　　　　　　院长/教授
　　过敏意　上海交通大学计算机科学与工程系　　　　　教授
　　胡瑞敏　西安电子科技大学网络与信息安全学院　　　院长/教授
　　黄河燕　北京理工大学计算机学院　　　　　　　　　院长/教授
　　雷蕴奇　厦门大学计算机科学系　　　　　　　　　　教授
　　李凡长　苏州大学计算机科学与技术学院　　　　　　院长/教授
　　李克秋　天津大学计算机科学与技术学院　　　　　　院长/教授
　　李肯立　湖南大学　　　　　　　　　　　　　　　　校长助理/教授
　　李向阳　中国科学技术大学计算机科学与技术学院　　执行院长/教授
　　梁荣华　浙江工业大学计算机科学与技术学院　　　　执行院长/教授
　　刘延飞　火箭军工程大学基础部　　　　　　　　　　副主任/教授
　　陆建峰　南京理工大学计算机科学与工程学院　　　　副院长/教授
　　罗军舟　东南大学计算机科学与工程学院　　　　　　教授
　　吕建成　四川大学计算机学院(软件学院)　　　　　　院长/教授
　　吕卫锋　北京航空航天大学　　　　　　　　　　　　副校长/教授

马志新	兰州大学信息科学与工程学院	副院长/教授
毛晓光	国防科技大学计算机学院	副院长/教授
明　仲	深圳大学计算机与软件学院	院长/教授
彭进业	西北大学信息科学与技术学院	院长/教授
钱德沛	北京航空航天大学计算机学院	中国科学院院士/教授
申恒涛	电子科技大学计算机科学与工程学院	院长/教授
苏　森	北京邮电大学计算机学院	执行院长/教授
汪　萌	合肥工业大学计算机与信息学院	院长/教授
王长波	华东师范大学计算机科学与软件工程学院	常务副院长/教授
王劲松	天津理工大学计算机科学与工程学院	院长/教授
王良民	江苏大学计算机科学与通信工程学院	院长/教授
王　泉	西安电子科技大学	副校长/教授
王晓阳	复旦大学计算机科学技术学院	院长/教授
王　义	东北大学计算机科学与工程学院	院长/教授
魏晓辉	吉林大学计算机科学与技术学院	院长/教授
文继荣	中国人民大学信息学院	院长/教授
翁　健	暨南大学	副校长/教授
吴　迪	中山大学计算机学院	副院长/教授
吴　卿	杭州电子科技大学	教授
武永卫	清华大学计算机科学与技术系	副主任/教授
肖国强	西南大学计算机与信息科学学院	院长/教授
熊盛武	武汉理工大学计算机科学与技术学院	院长/教授
徐　伟	陆军工程大学指挥控制工程学院	院长/副教授
杨　鉴	云南大学信息学院	教授
杨　燕	西南交通大学信息科学与技术学院	副院长/教授
杨　震	北京工业大学信息学部	副主任/教授
姚　力	北京师范大学人工智能学院	执行院长/教授
叶保留	河海大学计算机与信息学院	院长/教授
印桂生	哈尔滨工程大学计算机科学与技术学院	院长/教授
袁晓洁	南开大学计算机学院	院长/教授
张春元	国防科技大学计算机学院	教授
张　强	大连理工大学计算机科学与技术学院	院长/教授
张清华	重庆邮电大学计算机科学与技术学院	执行院长/教授
张艳宁	西北工业大学	校长助理/教授
赵建平	长春理工大学计算机科学技术学院	院长/教授
郑新奇	中国地质大学(北京)信息工程学院	院长/教授
仲　红	安徽大学计算机科学与技术学院	院长/教授
周　勇	中国矿业大学计算机科学与技术学院	院长/教授
周志华	南京大学计算机科学与技术系	系主任/教授
邹北骥	中南大学计算机学院	教授

秘书长：

白立军	清华大学出版社	副编审

FOREWORD

前言

2019年教育部发布了《教育部关于深化本科教育教学改革,全面提高人才培养质量的意见》,提出了大学教育要围绕学生忙起来、激励学生刻苦学习、全面提高课程建设质量等要求,实施国家级和省级一流课程建设"双万计划",着力打造一大批具有高阶性、创新性和挑战度(两性一度)的"金课",推动课堂教学革命。为响应号召,落实人才培养质量意见,特编写本教材来引导计算机类专业学生进行创新性、高阶性学习,通过完成具有挑战度的任务,提高学生算法设计能力、问题求解能力。

算法是解决复杂问题的精髓和灵魂,在信息技术飞速发展的今天,算法被广泛应用于工程问题、科学问题的求解,如背包问题、旅行商问题、作业调度问题、最优装载问题、任务分配问题等经典问题,以及图像分类、自然语言处理、智慧医疗等具有挑战度的前沿科研、工程等问题。

算法设计与问题求解能力是评判计算机类专业学生是否具有良好专业素养的标准。本教材的目的主要是:①传授经典算法知识,引导学生进入算法领域,掌握基本的算法设计方法和艺术;②通过能力拓展和创新性的问题求解,培养计算机类专业学生的问题分析与建模能力,并通过程序语言加以实现和调试的能力,指导学生开展高阶性和高挑战度的问题求解实践。教师可以利用本教材方便地进行教学改革,开发出以能力培养为导向的教学模式,跳出传统"知识传递"型课堂的教学思维,切实落实"以学生为中心"的教学理念。

本书针对计算机科学与技术、软件工程、网络工程、数据科学与大数据、数学等计算机相关专业的发展需求,全面介绍了算法的基础知识,详细介绍了算法的特点及复杂度分析、蛮力法、递归法、分治法、贪心法、回溯法、分支限界法、图算法、随机算法、计算复杂性等经典内容,帮助读者构建算法基础知识体系。同时,在有的章节中引入了能力拓展环节,引导读者利用学习的算法知识来求解非传统问题,提高课程的挑战度。每章后提供了创新性的习题,进一步巩固读者的计算思维能力、问题求解能力。

本书的重点、难点部分提供了微课视频,供读者自学或者课后释疑,从多个角度来引导读者开展自主学习,达到培养和提升读者问题求解能力的目的。

本书由邓泽林、李峰、罗元盛、邓锬等编写。其中,李峰负责统筹编写工作,邓泽林负责整体规划,并撰写了第1章、第7章、第8章;罗元盛负责编写第3章、第10章、第12章;邓锬负责编写第5章、第6章、第9章;陈曦负责编写第2章、第4章、第11章。本书的编写得到了陈彬彬、周倩男、刘康为、陈文俊、郑伟、贺达、杭帆、邓俊、杨琰、李春杰等ACM选手的支持,他们在问题题解、算法实现上提供了大量的帮助。

本书的课件通过扫描如下二维码下载:

算法设计与问题求解PPT

作　者
2022年5月

目录

CONTENTS

第1章　算法基础 ……………………………………………… 1
 1.1　算法概念 ………………………………………… 1
 1.2　算法描述 ………………………………………… 1
 1.3　算法主要类别及典型问题 ………………………… 2
  1.3.1　递归法 …………………………………… 2
  1.3.2　递推法 …………………………………… 2
  1.3.3　穷举法 …………………………………… 3
  1.3.4　贪心算法 ………………………………… 3
  1.3.5　分治法 …………………………………… 4
  1.3.6　动态规划法 ……………………………… 4
  1.3.7　分支限界法 ……………………………… 5
  1.3.8　回溯法 …………………………………… 6
 1.4　算法复杂度 ……………………………………… 6
  1.4.1　算法输入规模度量 ……………………… 6
  1.4.2　算法运行时间的度量 …………………… 7
  1.4.3　渐进符号 ………………………………… 7
  1.4.4　算法复杂度分析 ………………………… 8
 1.5　标准模板库 ……………………………………… 13
  1.5.1　动态数组 vector 的使用 ……………… 13
  1.5.2　集合 set 的使用 ………………………… 15
  1.5.3　映射 map 的使用 ……………………… 17
  1.5.4　栈 stack 的使用 ………………………… 19
  1.5.5　队列与优先队列的使用 ………………… 20
  1.5.6　排序 sort 的使用 ……………………… 23
 习题 ……………………………………………………… 25

第2章　递归算法设计 …………………………………………… 26
 2.1　概述 ……………………………………………… 26

	2.2	递归算法设计思想 ································· 27
		2.2.1 递归定义 ································· 27
		2.2.2 递归应用 ································· 28
	2.3	递归算法示例与过程分析 ························· 30
		2.3.1 汉诺塔问题 ······························· 30
		2.3.2 逆波兰表达式 ····························· 33
	2.4	递归转化为非递归 ······························· 34
		2.4.1 递归转尾递归 ····························· 34
		2.4.2 递归转非递归 ····························· 36
	2.5	能力拓展 ······································· 38
		2.5.1 K 数列 ··································· 38
		2.5.2 猴子爬树 ································· 40
		2.5.3 分黑球 ··································· 41
	习题	··· 43

第 3 章 蛮力法 ··· 46

	3.1	概述 ··· 46
	3.2	蛮力法的主要设计思想 ··························· 46
		3.2.1 使用蛮力法的几种情况 ····················· 46
		3.2.2 蛮力法的求解步骤 ························· 46
	3.3	蛮力法示例与分析 ······························· 47
		3.3.1 选择排序 ································· 47
		3.3.2 旅行商问题 ······························· 48
		3.3.3 字符串匹配蛮力解决 ······················· 50
		3.3.4 0-1 背包问题 ····························· 52
	3.4	能力拓展 ······································· 53
		3.4.1 连续数和 ································· 53
		3.4.2 矩形个数 ································· 54
	习题	··· 56

第 4 章 分治法 ··· 59

	4.1	概述 ··· 59
	4.2	分治法设计思路 ································· 59
	4.3	分治法应用与过程分析 ··························· 62
		4.3.1 最大子段和 ······························· 62
		4.3.2 归并排序 ································· 63
		4.3.3 棋盘覆盖问题 ····························· 66
		4.3.4 最近点对问题 ····························· 68

4.4	能力拓展	72
	4.4.1 第 k 位数	72
	4.4.2 二进制的完全表示	74
	4.4.3 最小违和度	75
习题		78

第 5 章 回溯法 ········ 81

- 5.1 概述 ········ 81
- 5.2 回溯法设计思路 ········ 81
- 5.3 回溯法示例与过程分析 ········ 81
  - 5.3.1 n 皇后问题 ········ 81
  - 5.3.2 0-1 背包问题 ········ 83
  - 5.3.3 图的 m 着色问题 ········ 85
  - 5.3.4 批处理作业调度问题 ········ 86
- 5.4 能力拓展 ········ 88
  - 5.4.1 全排列问题 ········ 88
  - 5.4.2 存在障碍物的迷宫问题 ········ 89
  - 5.4.3 图的 m 着色问题变种 ········ 90
- 5.5 习题 ········ 91

第 6 章 贪心法 ········ 96

- 6.1 概述 ········ 96
- 6.2 贪心法设计思路 ········ 96
- 6.3 贪心法示例与过程分析 ········ 96
  - 6.3.1 部分背包问题 ········ 96
  - 6.3.2 最优装载问题 ········ 98
  - 6.3.3 乘船问题 ········ 99
  - 6.3.4 旅行商问题 ········ 100
- 6.4 能力拓展 ········ 101
  - 6.4.1 田忌赛马问题 ········ 101
  - 6.4.2 过河问题 ········ 102
- 习题 ········ 103

第 7 章 分支限界法 ········ 108

- 7.1 概述 ········ 108
- 7.2 分支限界法设计思路 ········ 108
- 7.3 分支限界法示例与过程分析 ········ 110
  - 7.3.1 0-1 背包问题 ········ 110

　　　　7.3.2　多段图最短路径问题 ·················· 112
　　　　7.3.3　旅行商问题 ·························· 115
　　　　7.3.4　作业调度问题 ························ 119
　　7.4　能力拓展 ······································ 124
　　　　7.4.1　大富翁游戏 ·························· 124
　　　　7.4.2　最优装载问题 ························ 126
　　习题 ·· 128

第8章　动态规划 ·· 131

　　8.1　概述 ·· 131
　　8.2　动态规划算法设计规则 ······················ 131
　　8.3　动态规划算法问题求解 ······················ 132
　　　　8.3.1　0-1 背包问题 ························ 132
　　　　8.3.2　最长公共子序列 ······················ 137
　　　　8.3.3　最长上升子序列 ······················ 141
　　　　8.3.4　字符串相似度/编辑距离 ·············· 146
　　　　8.3.5　最大子段和 ·························· 149
　　8.4　能力拓展 ······································ 152
　　　　8.4.1　带通配符的字符串匹配 ·············· 152
　　　　8.4.2　爬楼梯 ······························ 156
　　习题 ·· 158

第9章　图算法设计 ······································ 164

　　9.1　概述 ·· 164
　　　　9.1.1　图的定义 ······························ 164
　　　　9.1.2　图的相关概念 ·························· 164
　　9.2　图算法示例与分析 ···························· 165
　　　　9.2.1　最短路问题 ·························· 165
　　　　9.2.2　网络最大流问题 ······················ 169
　　　　9.2.3　二分图染色问题 ······················ 173
　　9.3　能力拓展 ······································ 176
　　　　9.3.1　上学问题 ······························ 176
　　　　9.3.2　圣诞老人的烦恼 ······················ 179
　　　　9.3.3　烤箱问题 ······························ 182
　　习题 ·· 185

第10章　计算几何 ······································ 192

　　10.1　概述 ·· 192

10.2 相关几何知识 ········· 193
10.2.1 向量 ········· 193
10.2.2 点积和叉积 ········· 195
10.2.3 基本应用 ········· 196
10.2.4 点是否在面内 ········· 197
10.2.5 方向 ········· 198
10.2.6 面积和角度 ········· 198
10.2.7 凸性 ········· 199
10.3 计算几何示例与分析 ········· 199
10.3.1 点到直线的距离、判断线段是否相交 ········· 199
10.3.2 凸包问题（极角排序） ········· 204
10.3.3 利用叉积计算多边形面积 ········· 206
10.4 能力拓展 ········· 208
10.4.1 不同直线计数 ········· 208
10.4.2 面积最大的三角形 ········· 209
10.4.3 面积最大的多边形 ········· 212
习题 ········· 215

第11章 计算复杂度理论 ········· 221
11.1 计算模型 ········· 221
11.2 P 类和 NP 类问题 ········· 225
11.3 NPC 问题 ········· 227
习题 ········· 229

第12章 概率算法和近似算法 ········· 230
12.1 概率算法 ········· 230
12.1.1 概率算法的基本概念 ········· 230
12.1.2 概率算法的分类 ········· 231
12.1.3 数值概率算法 ········· 232
12.1.4 舍伍德算法 ········· 232
12.1.5 拉斯维加斯算法 ········· 235
12.1.6 蒙特卡罗算法 ········· 237
12.2 近似算法 ········· 240
12.2.1 介绍 ········· 240
12.2.2 顶点覆盖问题 ········· 242
12.2.3 旅行商问题 ········· 243
习题 ········· 244

第1章 算法基础

1.1 算法概念

算法(Algorithm)是对解题方案的准确而完整的描述,通过一系列解决问题的清晰指令来描述问题的程序化解决方案。对于符合一定规范的输入,能够在有限时间内获得所要求的输出。算法中指令描述的是一个计算,当其运行时能从一个初始状态(可能为空的)和初始输入开始,经过一系列有限而清晰定义的状态,最终产生输出并停止于一个终态。一个状态到另一个状态的转移不一定是确定的。

一个算法应该具有以下5个重要的特征。

(1) 有穷性:算法的有穷性是指算法必须能在执行有限个步骤之后终止。

(2) 确切性:算法的每一步骤必须有确切的定义。

(3) 输入项:有0个或多个输入,0个输入是指算法本身定出了初始条件。

(4) 输出项:有一个或多个输出,以反映对输入数据加工后的结果。

(5) 可行性:算法中执行的任何计算步骤都是可以被分解为基本的可执行的操作步骤,即每个计算步骤都可以在有限时间内完成(也称之为有效性)。

1.2 算法描述

算法描述是指对算法用一种方式进行详细的描述,可以使用自然语言、伪代码(Pseudocode),也可使用程序流程图,但描述的结果必须满足算法的5个特征。

伪代码是一种类似于英语结构的语言,用于描述模块功能,可以将整个算法运行过程的结构用接近自然语言的形式进行描述。由于伪代码结构清晰、代码简单、可读性好,并且类似自然语言,在算法设计中得到了广泛使用。

例1.1 使用伪代码描述冒泡排序算法。

```
//算法 BubbleSort(A,n)
//输入:数组 A、元素个数 n
//输出:排序后的数组
```

```
for i←1 to n - 1 do                    //将 1 赋值给 i,执行 1~ n- 1 轮循环
    for j←i to n - i - 1 do            //将 i 赋值给 j,执行循环
        if A[j] < A[j + 1]then         //判断
            交换 A[j]与 A[j + 1]的值
        end if
    end for
end for
return A
```

显然,BubbleSort 算法的伪代码描述与具体程序语言无关,而是用比较接近自然语言的形式对算法过程进行描述,方便算法设计与沟通。

1.3 算法主要类别及典型问题

1.3.1 递归法

程序调用自身的编程技巧称为递归(Recursion)。一个过程或函数在其定义或说明中有直接或间接调用自身的一种方法,把一个大型复杂的问题层层转化为一个与原问题相似的规模较小的问题来求解。

例 1.2 用递归法求解 Fibonacci 数列中第 n 个数。

```
//算法: Fibonacci_recursive(n)
//输入: 整数 n
//输出: Fibonacci 数列中第 n 个数
if n = 1 or n = 2 then
    return 1
else
    return Fibonacci_recursive(n - 1) + Fibonacci_recursive(n - 2)
end if
```

递归法只需少量的程序就可描述出解题过程所需要的多次重复计算,大大减少了程序的代码量。一般来说,递归需要有边界条件、递归前进段和递归返回段。当边界条件不满足时,递归前进;当边界条件满足时,递归返回。

1.3.2 递推法

递推法的思想是把一个复杂而庞大的计算过程转化为简单过程的多次重复。

例 1.3 用递推法求解 Fibonacci 数列中第 $n(n \geqslant 3)$ 个数。

```
//算法: Fibonacci_ recurrence (n)
//输入: 整数 n
//输出: Fibonacci 数列中第 n 个数
f₀←1, f₁←1
f₂←0
```

```
for i←3 to n do
    f₂←f₀+ f₁
    f₀←f₁
    f₁←f₂
end for
return f₂
```

1.3.3 穷举法

穷举法(又称蛮力法)通过列举出问题的所有可能的情况,逐个判断是否符合问题约束,如果符合则得到问题的一个解。

例 1.4 百钱买百鸡问题。

我国古代数学家张丘建在《算经》一书中曾提出过著名的"百钱买百鸡"问题,该问题叙述如下:鸡翁一,值钱五;鸡母一,值钱三;鸡雏三,值钱一;百钱买百鸡,则翁、母、雏各几何?

通过问题描述可知该问题是三元一次方程问题,但只有两个方程,所以可能存在多组解。设鸡翁 $x(0 \leqslant x \leqslant 20)$ 只、鸡母 $y(0 \leqslant y \leqslant 33)$ 只、鸡雏 $z(100-x-y)$ 只,则算法需要穷举所有组合,并判断每个组合是否满足问题约束,如果满足,则是问题的解,算法如下。

```
for x←1 to 20 do
    for y←1 to 33 do
        z←100 - x - y
        if 5 * x + 3 * y + z/3 = 100 and z mod 3 = 0
        then
            输出鸡翁 x 只,鸡母 y 只,鸡雏 z 只
        end if
    end for
end for
```

1.3.4 贪心算法

贪心算法(又称贪婪算法)在求解问题的过程中总是做出在当前格局下最好的决策,并不从整体最优上加以考虑。因此,贪心法得到的往往是问题的局部最优解。贪心算法是一种对某些求最优解问题的更简单、更迅速的设计技术。

求最短路径的 Dijkstra 算法实际上是一个贪心算法,因为该算法总是试图优先访问每一步循环中距离起始点最近的下一个顶点。

例 1.5 最短路径 Dijkstra 算法伪代码。

```
//算法:Dijkstra(G(V,E),s)
S←{s}
U←V- {s}
```

```
for j←1 to |U| do
  k←argmin_{k∈U}dist(k,s)
  S←S+ {k}
  U←U - {k}
  for i←1 to |U| do
        dist(s,U[i])= min {dist(s,U[i]),dist(s,k)+ dist(k,U[i])}
  end for
end for
```

对于单源点最短路径问题,Dijkstra 算法能够求出全局最优值。

1.3.5 分治法

分治法主要包括将原问题分为相同或相似的子问题、对子问题进行求解、合并子问题的解这几个主要的步骤。其中,对子问题进行求解可能会进一步分成更小的问题,这是一个递归求解的过程,直到更小的问题能够直接求解。

折半查找即利用分治法的思想进行问题求解,通过将搜索范围折半,将原问题分解为两个相同的问题,持续分解子问题直到找到所查找元素的位置或者确定不存在该元素。

例 1.6 折半查找算法伪代码。

```
//算法: BinarySearch(A,x)
//输入: 有序序列 A 及要查找的元素 x
//输出: x 在序列 A 中的位置
low←1; high←n; j←- 1
while low ≤ high do
  mid = (low + high)/2
  if x = A[mid] then
     j←mid
     break
  end if
  if x < A[mid] then high←mid - 1
     else low←mid + 1
  end if
end while
return j
```

1.3.6 动态规划法

动态规划是一种在数学和计算机科学中求解包含重叠子问题的最优化方法。其基本思想是将原问题分解为相似的子问题,在求解的过程中通过子问题的解求出原问题的解。动态规划法适用于具有重叠子问题的问题,通过表格技术存储子问题的求解结果,并通过查表避免重复计算,实现"以空间换时间"的算法设计目标。

利用递归求解 Fibonacci 数列第 n 项问题时,存在大量的重复计算,会消耗过多的 CPU 资源,导致算法运行时间变长,如图 1.1 所示。

如果使用一维数组 a 来顺序存放 $f(i)$ 的值,即 $a[i]=f(i)$,则在后续计算中需要重复

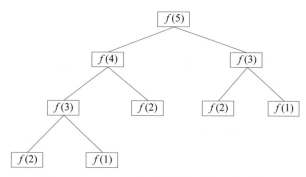

图 1.1 Fibonacci 数列计算中存在重复计算

计算 $f(i)$ 的值时,可以通过查表即可获得值为 $a[i]$,减少了计算需求,提高了算法性能。

例 1.7 求 Fibonacci 数列第 $n(n\geqslant 3)$ 项动态规划伪代码。

```
//算法：Fibonacci_dp(n)
//输入：n
//输出：Fibonacci 数列中第 n 个数
定义数组 a[1..n]
a[0] = 1
a[1] = 1
for i←1 to n do
    a[i]←a[i - 1] + a[i - 2]
end for
return a[n]
```

在动态规划求解过程中,由于计算 $a[i]$ 只需要 $a[i-1]$ 和 $a[i-2]$,所以可以通过定义两个变量 f_0、f_1 来代替数组 a,减少算法的内存需要,优化后的算法即为 Fibonacci_recurrence 算法。

1.3.7 分支限界法

分支限界法是对有约束条件最优化问题的所有可行解(数目有限)空间进行搜索。搜索策略是基于广度优先原则(主要利用优先队列),优先扩展当前搜索结点的所有子结点,并利用限界函数剪切不符合问题约束的分支,减少搜索空间,提高算法性能。分支限界法本质上是穷举法,但因为有限界函数剪枝的作用可以减少搜索空间,因此,其效率一般要高于穷举法。

例 1.8 分支限界法通用模板伪代码。

```
算法：BranchBound(t)
//输入：根结点 t
//输出：可行解
队列 Q←t
while Q≠∅ do
```

```
        t←Q 队首元素
            for j←r₁ to r_k do              //结点 t 的 k 个分支
                node←利用 j 产生的新结点
                    if 依据限界函数评价 node 可行 then    //如果不可行则剪枝
                        if 是目标解 then
                            输出
                            return
                        else if 是部分解 then
                            Q←Q + {node}
                        end if
                    end if
            end for
        end while
```

1.3.8 回溯法

回溯法(探索与回溯法)是一种选优搜索法,按选优条件向前搜索,以达到目标。选优策略采用深度优先原则进行,并结合剪枝函数来减少搜索范围,提高算法执行效率。剪枝函数主要是两类:当前选择不符合问题约束或者不能达到最优的部分解。

迷宫问题是求一条从指定起点到达指定终点的搜索问题,搜索过程从起点出发,按照上、下、左、右 4 个方向按深度优先原则(递归调用)进行搜索,如果相邻点不可通过(不符合问题约束),则放弃当前搜索方向(剪枝),转而搜索其他方向,直到到达终点。

例 1.9 迷宫问题求解伪代码。

```
//算法: maze(sx,sy,ex,ey,stepx[],stepy[])
//输入: sx,sy 是起点,ex,ey 是终点,stepx[]、stepy[]是 4 个移动方向
//输出: 可以通过的一条路径
if sx = ex and sy = ey then
    输出路径
    return
end if
for i←1 to 4 do                             //搜索 4 个方向
    sx←sx + stepx[i]
    sy←sy + stepy[i]
    if 符合问题约束 then                    //在迷宫范围内,且相邻点可以通过
        maze(sx,sy,ex,ey,stepx,stepy)       //深度优先搜索
    end if
end for
```

1.4 算法复杂度

1.4.1 算法输入规模度量

通常情况下,面对规模越大的输入,算法的执行时间越长。如排序算法中参与排序的

数据量越大,则算法运行时间越长;汉诺塔问题中盘子的数量越长,计算耗费的时间越多。所以,算法的效率是一个以算法输入规模 n 为参数的函数。

正确地选择算法输入规模的度量单位需要考虑算法的操作细节。例如,对于查找问题,算法的输入规模为目标数组的元素个数;字符串匹配算法 KMP 的输入规模为目标串长度、模式串长度;Dijkstra 算法的输入规模为图的顶点数量及边的数量。

1.4.2 算法运行时间的度量

算法运行时间通过实际机器运行获得,这高度依赖于特定计算机的运行速度、硬件环境等因素,无法形成算法效率的度量标准。实际上,算法的时间开销可以通过算法的基本操作的执行次数进行度量,这种方法与具体的机器无关,具有良好的通用性。

算法中的基本操作主要包括数学运算、逻辑判断、循环等,其中循环是重要的基本操作。具有实际问题求解能力的算法通常都包含了与问题规模相关的循环语句,这个基本操作往往决定了算法的时间效率。

因此,在对输入为 n 的算法进行时间效率分析时,我们只需要统计其基本操作的执行次数 $C(n)$,则算法的执行时间 $T(n)$ 为 $C(n)$ 与机器执行基本操作指令的时间之积。

1.4.3 渐进符号

渐进符号是分析算法时间复杂度的常用记号,对于规模为 n 的问题,当 n 足够大时可以忽略复杂度表达式中的低阶项和最高次项的系数,由此引出"渐进复杂度",并且用渐进符号来对"渐进复杂度"进行表达。

1. 渐进上界符号 O

定义:若存在正常数 c 和非负整数 n_0,使得对于任意 $n \geqslant n_0$,都有 $T(n) \leqslant cf(n)$,则称 $T(n) = O(f(n))$。

大 O 符号的含义如图 1.2 所示。

大 O 符号用来描述增长率的上限,这个上限的阶越低,结果就越有价值。

例如,当 $c=1$、$n_0 \geqslant 11$ 时,$10n+3 \leqslant n^2$ 成立,则 $10n+3=O(n^2)$。

n^2 的增长速度要远远高于 n,因此,$O(n^2)$ 的阶比较高,没有太大的价值。

当 $c=11$、$n_0 \geqslant 3$ 时,$10n+3 \leqslant 11n$ 成立,则 $10n+3=O(n)$。

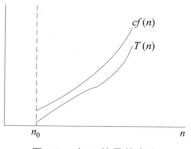

图 1.2 大 O 符号的含义

$O(n)$ 的阶很好地描述了 $10n+3$ 的增长率,具有更好的价值。

2. 渐进下界符号 Ω

若存在正常数 c 和 n_0,使得当 $n \geqslant n_0$ 时,都有 $T(n) \geqslant cg(n)$,则 $T(n) = \Omega(g(n))$。

大 Ω 符号的含义如图 1.3 所示。

大 Ω 符号常用来分析某个问题或某类算法的时间下界,这个下限的阶越高,结果就越有价值。

例如,当 $c=10$、$n_0 \geqslant 3$ 时,$n^3+3 \geqslant 10n$ 成立,因此 $n^3+3 \in \Omega(n)$。

当 $c=5$、$n_0 \geqslant 6$ 时,$n^3+3 \geqslant 5n^2$ 成立,因此 $n^3+3 \in \Omega(n^2)$。

显然,第二个下限的阶要高于第一个下限的阶,具有更好的价值。

3. 紧确界 Θ

定义:若存在正常数 c_1、c_2 和非负整数 n_0,对于任意 $n \geqslant n_0$,都有 $c_1 f(n) \geqslant T(n) \geqslant c_2 f(n)$,则称 $T(n) = \Theta(f(n))$。

Θ 符号的含义如图 1.4 所示。

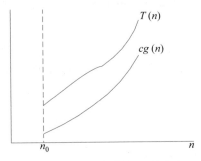
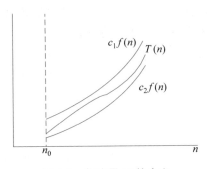

图 1.3 渐进下界符号 Ω 的含义　　图 1.4 紧确界 Θ 的含义

Θ 符号意味着 Θ 与 $f(n)$ 同阶,用来表示算法的精确阶。

证明 $3n^2+5 \in \Theta(n^2)$。

当 $n \geqslant 2$ 时,$3n^2+5 \geqslant 3n^2$ 且 $3n^2+5 \leqslant 6n^2$。

因此,我们可以选择 $n_0=2$、$c_1=6$、$c_2=3$ 使得 $3n^2+5 \in \Theta(n^2)$ 成立。

1.4.4　算法复杂度分析

算法复杂度指的是算法运行所需要计算机资源的量,需要时间资源的量称为时间复杂度,需要的空间资源量称为空间复杂度。

算法效率的度量是评价算法优劣的重要依据。一个算法复杂度的高低体现在运行该算法所需要计算机资源的多少,所需的资源越多说明算法的复杂度越高;反之,所需的资源越低,则算法的复杂度越低。

1. 非递归算法复杂度分析

例 1.10　顺序查找算法复杂度分析。

```
//算法:SequentialSearch(A[1..n],x)
//输入:数组 A,待查找的元素 x
//输出:元素 x 在数组 A 中的位置
```

```
for i←1 to n do
    if x = A[i] then return i
    end if
end for
return - 1
```

算法中主要操作集中在循环中,主要是比较操作 $x=A[i]$,因此算法规模可由循环次数 n 决定。我们把 $C(n)$ 记作比较运算的执行次数,每次循环执行 1 次比较,则算法主要操作的执行总数为

$$C(n)=\sum_{n=1}^{n}1=n-1$$

故算法的复杂度为 $O(n)$。

例 1.11　选择排序算法复杂度分析。

```
//算法：SelectionSort(A,n)
//输入：数组 A,元素个数 n
//输出：排序后的数组
for j←1 to n do
    i←j
    key←A[i]
    for i to n do
        if key > A[i] then
            key←A[i]
            k←i
        end if
    end for
    A[k]←A[j]
    A[j]←key
end for
return A
```

选择排序算法的结构为双重循环,循环的次数与数组大小 n 成正比关系,因此,问题的规模为 n。外层循环中的操作包含赋值($i←j$、$key←A[i]$ 等)、内层循环操作,两者中内层循环是主要操作,包含判断、赋值等操作,每次循环的操作数量为常数次。记每轮循环的常数次操作数为 c,则算法主要操作执行次数为

$$C(n)=c\sum_{j=1}^{n}\sum_{i=j}^{n}1$$

展开内层:

$$C(n)=c\sum_{j=1}^{n}(n-j+1)$$

求和可得:

$$C(n)=c(1+2+3+\cdots+n)=\frac{c}{2}n(n+1)$$

因此,选择排序的复杂度为 $O(n^2)$。

例 1.12　图的全源点最短路径 Floyd 算法复杂度分析。

弗洛伊德(Floyd)算法是用于求图中任意两点之间最短路径的算法,通过逐次迭代更新任意两点之间的最短路径,其算法的主要过程如下。

```
//算法：Floyd
for k←0 to n do
    for i←0 to n do
        for j←0 to n do
            if dis[i, k] != ∞ and dis[k,j] != ∞ and dis[i, k]+ dis[k, j] < dis[i, j] then
                dis[i, j]←dis[i, k] + dis[k, j]
            end if
        end for
    end for
end for
```

复杂度分析:该算法的主要结构是三重循环,计算操作集中在第三层循环中,操作主要包括判断和赋值。记 $C(n)$ 为规模为 n 的图的操作次数,则有

$$C(n) = \sum_{k=0}^{n}\sum_{i=0}^{n}\sum_{j=0}^{n}1 = \sum_{k=0}^{n}\sum_{i=0}^{n}n = \sum_{k=0}^{n}n^2 = n^3$$

所以,算法复杂度为 $O(n^3)$。

2. 递归算法复杂度分析

例 1.13　分析递归法求 $n!$ 的复杂度。

对于任意非负整数 n,其阶乘根据下式计算:

$$n! = \begin{cases} n \times (n-1)! & n > 0 \\ 1 & n = 0 \end{cases}$$

利用递归算法求解 $n!$ 的伪代码如下。

```
//算法：Fac(n)
//输入：非负整数 n
//输出：n 的阶乘
if n = 0 then
    return 1
else
    return n * Fac(n-1)
end if
```

算法复杂度分析:在递归终止条件 $n=0$ 之前,都会执行 else 部分,即 $n * \text{Fac}(n-1)$,包括一个乘法操作,并递归进入下一层来求解一个规模更小的子问题。

记 $\text{Fac}(n)$ 计算的操作次数为 $T(n)$,则存在如下递推式:

$$T(n) = 1 + T(n-1)$$

所以，存在递归过程如下：
$$T(n) = 1 + T(n-1)$$
$$= 2 + T(n-2)$$
$$= 3 + T(n-3)$$

此过程一直递推下去，直到出现 $T(0)$，对应算法 $n=0$ 时的情况，此时，递归过程终止。
$$T(n) = 1 + T(n-1) = 2 + T(n-2) = \cdots = n + T(0) = n$$
所以，算法复杂度为 $O(n)$。

例 1.14 二分查找算法复杂度分析。

```
//算法：BinarySearchRecusive(A,start,end,key)
//输入：数组 A,起始位置 start,终止位置 end,要查找的数 key
//输出：key 在数组 A 中的位置
mid←(start + end)/2
if A[mid] = key then
    return mid
else if A[mid] > key then
    Binary SearchRecusive(A,start,mid - 1,key)
else if A[mid] < key then
    BinarySearchRecusive(A,m + 1,end,key)
else
    return - 1
end if
```

其搜索过程形成一棵二叉树，如图 1.5 所示。

记数组规模为 n，搜索计算操作数量为 $T(n)$，根据 key 的情况决定在左子集或者右子集中搜索，则存在如下递推过程：

$$T(n) = 1 + T\left(\frac{n}{2}\right)$$

经过 k 次递归，得到如下关系：
$$T(n) = 1 + T\left(\frac{n}{2}\right) = 2 + T\left(\frac{n}{2^2}\right) = \cdots$$
$$= k + T\left(\frac{n}{2^k}\right)$$

当 $1 \leqslant \frac{n}{2^k} < 2$ 时到达叶结点，此时，集合中仅存在一个元素，可以直接判断 key 是否与该元素相等，如果相等则可以确定其位置，如果不等则说明集合中没有元素 key。

由 $1 \leqslant \frac{n}{2^k} < 2$ 可知：

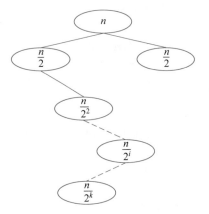

图 1.5 二分法搜索过程

$$\log_2 n - 1 < k \leqslant \log_2 n$$
$$k = \lfloor \log_2 n \rfloor$$

所以,算法复杂度为 $O(\log_2 n)$。

例 1.15 求解汉诺塔问题算法复杂度的分析。

有 3 根柱子 a、b、c,在任意柱子上圆盘需满足上面的圆盘比下面的圆盘小,如图 1.6 所示。初始时,n 个圆盘位于柱子 a 上,现要借助柱子 b,将柱子 a 上的圆盘移动到柱子 c 上。

图 1.6 汉诺塔问题示例

这是一个经典的递归问题,可按如下规则进行思考。

(1) 将初始位于 a 柱上的 n 个圆盘看成两个圆盘,上面 $n-1$ 个圆盘视为一个圆盘,下面最大的圆盘视为一个圆盘。

(2) 由此问题被转换为两个圆盘的问题,可以通过 c 柱的辅助,将 a 柱上的 $n-1$ 个圆盘移动到 b 柱上。

(3) 此时,可以直接将 a 柱上最大的圆盘直接移动到 c 柱上。

(4) 最后,借助 a 柱的辅助,将 b 柱上的 $n-1$ 个圆盘移动到 c 柱上。

其递归程序如下所示。

```
算法: Hanoi(n,a,b,c)
//输入: 圆盘数量 n,三个柱子 a,b,c
//输出: 圆盘移动顺序
if n = 1 then
    输出"移动圆盘 1: a->c"
else
    Hanoi(n - 1,a,c,b)
    输出"移动圆盘 n: a->c"
    Hanoi(n - 1,b,a,c)
end if
```

复杂度分析如下。

记 n 个圆盘汉诺塔问题的计算次数为 $T(n)$,通过算法可知存在如下递推形式:
$$T(n) = 2T(n-1) + 1$$

进一步递推有
$$T(n) = 2T(n-1) + 1 = 2(2T(n-2) + 1) + 1 = 2^2 T(n-2) + 2 + 1$$

继续递推有

$$T(n) = 2^2 T(n-2) + 2 + 1 = 2^2(2T(n-3)+1) + 2 + 1$$

整理可得

$$T(n) = 2^3 T(n-3) + 2^2 + 2 + 1$$

用数学归纳法可知：

$$T(n) = 2^k T(n-k) + 2^{k-1} + 2^{k-2} + \cdots + 2 + 1$$

当 $k = n-1$ 时有

$$T(n) = 2^{n-1} T(1) + 2^{n-2} + 2^{n-3} + \cdots + 2 + 1$$

由于 $2^{n-2} + 2^{n-3} + \cdots + 2 + 1 = 2^{n-1} - 1$，因此有

$$T(n) = 2^{n-1} T(1) + 2^{n-1} - 1$$

$k = n-1$ 对应算法中 $n=1$ 成立的情况，可以一步完成圆盘的移动，因此 $T(1) = 1$，最终存在：

$$T(n) = 2^{n-1} + 2^{n-1} - 1 = 2^n - 1$$

因此，算法复杂度为 $O(2^n)$。

这是一个 NP 问题，计算时间随着问题规模成指数增长，对于规模较大的汉诺塔问题计算机难以进行有效求解。

1.5 标准模板库

标准模板库(STL)是 C++ 语言提供的标准模板库，包括容器、迭代、算法等。在算法设计和实现中，大量使用 STL 提供的优先队列、栈等容器及排序等算法。因此，在进行算法设计之前需要掌握 STL 的使用。

1.5.1 动态数组 vector 的使用

vector 是一个封装了动态大小数组的顺序容器。跟任意其他类型容器一样，能够存放各种类型的对象。可以简单地认为，向量是一个能够存放任意类型的动态数组。

vector 相对于定长数组来说，其优势是能够在运行阶段设置数组的长度，在末尾增加新的数据，在中间插入新的值，长度可以任意改变。

接下来了解 vector 的基本用法。

```
vector<int> a;              //定义一个动态数组 a
a.size();                   //求出动态数组 a 的大小
a.push_back(1);             //往动态数组 a 末尾插入一个元素 1
a.pop_back();               //删除动态数组 a 末尾的元素
for (auto it = a.begin(); it != a.end(); it++) { //使用迭代器的方式访问 vector
    cout << *it << " ";
}
```

vector 的示意图如图 1.7 所示。

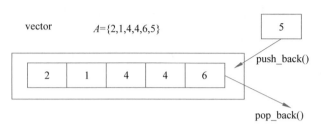

图 1.7　vector 示意图

例 1.16　积木堆叠。

有 n 块积木，编号分别为 $1\sim n$。开始时第 i 块积木在位置 i，接下来进行 m 次操作，每次操作把位置 b 上的积木整体置于位置 a 上面，求最后各个位置上的积木序号。

示例：

5 3(积木数量、操作数量)

1 2(把位置 1 上的积木都放于位置 2 上)

4 3(把位置 4 上的积木都放于位置 3 上)

2 5(把位置 2 上的积木都放于位置 5 上)

示例问题求解过程如图 1.8 所示。

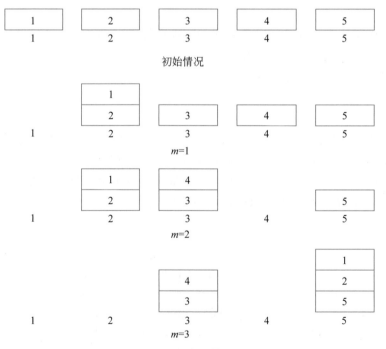

图 1.8　积木堆叠过程

每个积木堆的大小不确定，如果用定长数组，会造成一定的空间浪费，而使用不定长数组 vector 解决则可以避免该问题。

参考代码如下。

```cpp
#include <vector>
using namespace std;
int n, m;
vector< int >  v[10007];                    //第一维长度固定,第二维长度不固定
int main()
{
    cin >> n >> m;
    for(int i = 1; i <= n; i++)
      v[i].push_back(i);                    //初始第 i 块积木在位置 i
    int a, b;
    for(int i = 1; i <= m; i++)
    {
        cin >> a >> b;
        for(int j = 0; j < v[a].size(); j++)
            v[b].push_back(v[a][j]);        //把位置 a 的积木移到位置 b
        v[a].clear();                       //清空位置 a 的积木
    }
    for(int i = 1; i <= n; i++)
    {
        for(int j = 0; j < v[i].size(); j++)
            cout << v[i][j] << " ";
        cout << endl;
    }
}
```

堆叠结果为

3 4
5 2 1

算法复杂度为 $O(nm)$。

1.5.2 集合 set 的使用

set 中每一个元素都是不同的,而且元素会按照从小到大进行排序,其基本使用如下所示。

```cpp
set< int >  st;             //定义一个空集合 st
st.insert(1);               //往集合中插入一个元素 1
st.clear();                 //清除 st 集合中所有元素
st.find(1);                 //返回一个指向被查找到元素的迭代器,注意是迭代器
int x = *st.begin();        //获得集合的第一个元素,* 表示对指针取值
for(auto it = st.begin(); it != st.end(); it++) {
                            //用迭代器遍历集合 s 里面的每一个元素
    cout << *it << " ";
}
```

set 的示意图如图 1.9 所示。

例 1.17 求并集。

给出两个集合{A}和{B}，请求出两个集合的并{A}+{B}。集合{A}的大小是 n，集合{B}的大小是 m。

示例：

3 4（A、B 中元素个数分别为 3、4）

1 2 3（A 中各个元素）

2 3 4 5（B 中各个元素）

示例如图 1.10 所示。

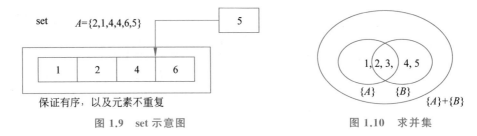

图 1.9 set 示意图　　　　图 1.10 求并集

容器 set 和数学中的集合一样，不存在重复元素，set 是关联式容器，元素在其中默认按从小到大排序，内部通常用红黑树实现，适合处理需要兼顾查找、插入、删除的情况。用 set 的性质即可快速方便地解决问题，把 A、B 集合中的元素放入一个 set 进行自动排序即可。

set 中插入元素的复杂度近似 $O(\log_2 n)$，因此该解决方案的复杂度是 $O(m \log_2 n)$，其中 iterator 是 STL 中的迭代器，类似于指针，用来访问 STL 容器中的元素。

另外，set 中不会出现值相同的元素。如果需要有相同元素的集合，则要使用 multiset，用法与 set 相似。

参考代码如下。

```cpp
#include <set>
int n, m;
set<int> s;
int main()
{
    cin >> n >> m;
    int x;
    for(int i = 1; i <= n + m; i++)
    {
        cin >> x;
        s.insert(x);
    }
    for(set<int>::iterator it = s.begin(); it != s.end(); ++it)
        cout << * it << " ";
}
```

示例问题求解结果：

```
1 2 3 4 5
```

1.5.3 映射 map 的使用

map 提供的是一种"键-值"对容器，里面的数据都成对出现，如图 1.11 所示。每一对数据中的第一个值称为关键字(key)，每个关键字只能在 map 中出现一次；第二个值称为该关键字的对应值。

map 的基本使用方法如下所示。

```
map<int, string> ID_Name;
ID_Name[2015] = "Echo";           //如果已经存在键值 2015,则会作赋值修改操作,
                                  //如果没有则插入
string tmp = ID_Name[2016];       //ID_Name 中没有关键字 2016 使用[]取值会导致插入
                                  //因此,下面语句不会报错,但 tmp = ""
bool flag = ID_Name.count(2015);  //ID_Name 中查询 2015 的个数,如果不存在,
                                  //不会导致插入
```

例 1.18 成绩管理。

设计一个成绩管理系统，完成以下操作。

操作 1(格式如 1 s k)：在系统中插入姓名为 s(只包含大小写字母)，分数为 k(0<k<100)的学生。如果已存在该学生的记录，则更改该学生的成绩为 k。如果成功则输出 success。

操作 2(格式如 2 s)：查询姓名为 s 的学生的成绩。如果没能找到这名学生则输出 −1,否则输出该学生的成绩。

操作 3(格式如 3 s)：在系统中删除姓名为 s 的记录。如果没能找到这名学生则输出 −1,否则输出 success。

图 1.11 map 示意图

操作 4(格式如 4)：输出系统中学生数量。

样例输入：

```
6(共 6 条操作)
1 abb 100
2 abb
3 abb
2 abb
1 baa 100
4
```

解题思路：map 是键到值的映射，能用于存储"键-值"对，其中元素的键是唯一的。map 重载了[]运算符，能像数组一样使用，可以用任意定义了<运算符的类型作为下标。

可以用 map<string, int>mp 来表示"姓名到成绩"的映射,通过 mp["Tom"]=100 的方式赋值。与 set 一样,map 中增删改的复杂度近似 $O(\log_2 n)$,因此该解决方案的复杂度接近 $O(n\log_2 n)$。

与以 vector 为代表的序列式容器不同,map 和 set 都是关联式容器,底层通过红黑树实现,默认会根据各元素的键值的大小排序。

参考代码如下。

```cpp
#include <map>
int n;
map<string, int> mp;              //姓名到成绩的映射
string s;
int main()
{
    cin >> n;
    int op, x;
    for(int i = 1; i <= n; i++)
    {
        cin >> op;
        if(op == 1)
        {
            cin >> s >> x;
            mp[s] = x;
            cout << "success" << endl;
        }
        else if(op == 2)
        {
            cin >> s;
            if(mp.count(s))       //count 返回容器内键为 s 的元素个数
            {
                cout << mp[s] << endl;
            }
            else
                cout << "-1" << endl;
        }
        else if(op == 3)
        {
            cin >> s;
            if(mp.count(s))       //如果系统中存在该学生
            {
                mp.erase(s);      //删除键为 s 的元素
                cout << "success" << endl;
            }
```

```
            else
                cout << "-1" << endl;
        }
        else
        {
            cout << mp.size() << endl;        //元素数量,即系统中学生数量
        }
    }
    return 0;
}
```

示例求解结果:

```
success
100
success
-1
1
```

1.5.4　栈 stack 的使用

栈最主要的特征是后进先出(Last In First Out,LIFO),stack 的基本使用方法如下。

```
stack<int>sta;                  //创建一个空的栈 sta
sta.push(1);                    //在 sta 中放入一个元素 1
sta.pop();                      //删除 sta 的栈顶元素
int num = sta.top();            //取出 sta 的栈顶元素
sta.empty();                    //判断 sta 是不是空的
sta.size();                     //求出 sta 的大小
```

stack 的示意图如图 1.12 所示。

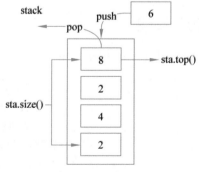

图 1.12　stack 示意图

例 1.19 括号匹配问题。

给定一个只包含(、)、[、]、{、}的字符串,现执行若干次删除操作。每次操作只能删除一对相邻同类型的左右括号,问字符串能否变为空。设字符串的长度为 n,题目保证: $1 \leqslant n \leqslant 100000$。

示例:字符串 s={[]()}的括号是否匹配。

解题思路:遍历字符串,遇到左括号则入栈;遇到右括号则出栈一个左括号,看是否与之匹配,若不匹配则栈不能为空,若匹配则继续遍历。遍历结束后再判断栈是否为空,为空则字符串可以变空,否则不行。具体过程如图 1.13 所示。

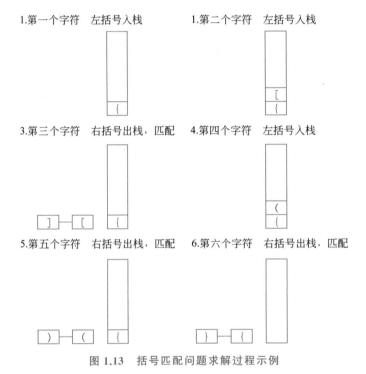

图 1.13 括号匹配问题求解过程示例

因此,字符串 s 中的括号是匹配的,输出为 YES。

1.5.5 队列与优先队列的使用

队列的主要特性是先进先出(First In First Out,FIFO),队列的基本使用方法如下。

```
queue<int>que;                //创建一个空的队列 que
que.push(1);                  //在 que 里面放入一个元素 1
que.pop();                    //删除 que 队列首部的元素
int now = que.front();        //取到队列首部的元素
que.empty();                  //判断 que 是不是空的
que.size();                   //求出 que 的大小
```

队列的示意图如图 1.14 所示。

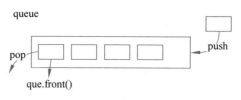

图1.14 队列的示意图

与队列不同,优先队列会按照重载的方法按优先级次序进行排序,基本使用方法如下所示。

```
//升序队列
priority_queue <int,vector<int>,greater<int> > q1;
//降序队列
priority_queue <int,vector<int>,less<int> > q2;
int first = q1.top();        //获得队列首部元素和队列不太一样,其他方法差不多
```

例1.20 医生值班。

小明是今天医院的值班医生,该医院目前只有他一人,要诊断排队的若干病人。看病的人病情有轻重,所以不能根据简单的先来先服务的原则。医院对每种病情规定了10种不同的优先级,级别为10的优先级最高,级别为1的优先级最低。小明在看病时,会在他的队伍里面选择一个优先级最高的人进行诊治。如果遇到两个优先级一样的病人,则选择最早来排队的病人。

一共有两种事件。

(1) IN A,表示有一个拥有优先级 $A(1{\leqslant}A{\leqslant}10)$ 的病人要求小明诊治。

(2) OUT,表示小明进行了一次诊治,诊治完毕后,病人出院,如果无病人需要诊治,则输出 none。

请帮助小明模拟这个看病过程。

示例:

```
5(共5个事件)
IN 1
IN 2
IN 2
OUT
OUT
```

解题思路:该题可以通过优先队列 priority_queue 实现,过程如图1.15所示。

优先队列与队列一样,只能从队尾插入元素,从队首删除元素,仅支持查询或删除队首元素,不支持随机访问。队列中最大的元素总是位于队首,出队时将当前队列中最大的元素出队,而并非根据进队顺序。队列内元素默认按元素值由大到小排序,可以重载"<"操作符来重新定义比较规则。

参考代码如下。

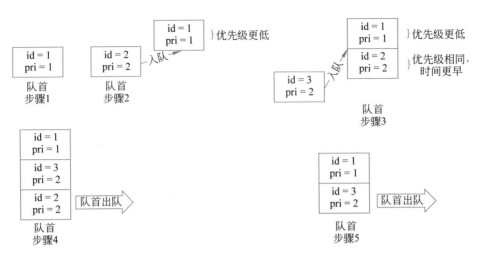

图 1.15　医生值班过程模拟

```
struct patient
{
    int id, pri;                                //病人的id和优先级
    bool operator<(const patient &a) const      //重载小于符号
    {
        if(a.pri != pri)
            return a.pri > pri;                 //优先级不同,优先级高的在前
        return a.id < id;                       //优先级相同,早来的人在前
    }
};
/* 之后我们写一个优先队列priority_queue< patient> q,再在其中加入元素,元素会按照
   我们的比较规则在队列中有序,主函数如下 */
int main()
{
    int n, nid = 1, npri;
    string op;
    priority_queue<patient> q;
    cin >> n;
    for(int i = 1; i <= n; i++)
    {
        cin >> op;
        if(op[0] == 'I')                        //IN 操作
        {
            cin >> npri;
            q.push({nid, npri});                //一个id为nid、优先级为npri的元素入队
            nid++;
        }
```

```
        else                            //OUT 操作
        {
          if(q.empty())                 //队列中无元素
          {
            cout << "none" << endl;
          }
          else
          {
            cout << q.top().id << endl; //输出队首元素的 id
            q.pop();                    //队首出队
          }
        }
      }
    }
```

示例结果：

```
2
3
```

1.5.6 排序 sort 的使用

sort 函数可以对一个数组进行排序，默认是元素从小到大排序，也可以自定义一个函数来改变排序规则。

```
/*
 * 如果 cmp 函数返回为 true, 那么 x 排在 y 的前面, 否则 x 排在 y 的后面
 * 因为 x> y 返回为 true, 所以这个 cmp 函数表示的意思是, 大的元素在前面, 小的元素在后面
 */
bool cmp(int x,int y){
  return x > y;
}
int main(){
  vector<int>vt;
  int a[10];
  //默认元素从小到大排序
  sort(vt.begin(),vt.end());
  sort(a,a+10);                         //第一个元素是 a[0],最后一个元素是 a[9]
  //自定义 cmp 函数
  sort(vt.begin(),vt.end(),cmp);        //按照 cmp 函数排序, 这个 cmp 名称可以随意换
  sort(a,a+10,cmp);
}
```

例 1.21　成绩排序。

作为一个班的班主任,你要根据学生成绩对学生进行排名。每个学生有 4 门课成绩,分别为语文、数学、外语、选考。排名规则如下:总分高的在前,如果总分相同,语文、数学、外语总分高的在前,如果都相同,学号小的在前。请你按照规则对本班的同学进行排名,并将排名后的各学生学号按照排名输出。

示例:

```
3(共 3 位学生)
100 100 100 50(分别表示语文、数学、外语选考成绩)
100 50 100 100
100 100 50 100
```

解题思路:本题需要使用 STL 里的 sort 函数,sort 函数可以对任意对象进行排序,只需要自定义排序方法。sort 函数需要 3 个参数,分别为排序的数组的起始地址、结束地址、排序方法(没有排序方法参数时默认升序排列)。sort 函数的使用依赖于<algorithm>头文件。因此,只需自定义学生结构体,根据题目所给出的规则编写排序方法即可。

参考代码如下。

```cpp
struct stu
{
    int sum;                        //总分
    int subsum;                     //语文、数学、外语的总分
    int id;
} s[200];
bool cmp(stu a, stu b)
{
    if(a.sum != b.sum)              //总分高的在前
        return a.sum > b.sum;
    if(a.subsum != b.subsum)        //总分一样,语文、数学、外语成绩高的在前
        return a.subsum > b.subsum;
    return a.id < b.id;             //都一样,学号小的在前
}
int main()
{
    cin >> n;
    int a, b, c, d;
    for(int i = 1; i <= n; i++)
    {
        cin >> a >> b >> c >> d;
        s[i].sum = a + b + c + d;
        s[i].subsum = s[i].sum - d;
        s[i].id = i;
    }
    sort(s + 1, s + n + 1, cmp);
    for(int i = 1; i <= n; i++)
        cout << s[i].id << " ";
}
```

示例结果:

```
1 2 3
```

◆ 习   题

1. 算法的 5 个特征是什么?
2. 写出合并两个有序序列的伪代码。
3. 写出冒泡排序的伪代码,并分析其复杂度。
4. 写出二叉树层序遍历伪代码。
5. 画出 $n=3$ 的汉诺塔问题的求解过程,并分析算法的复杂度。

第 2 章 递归算法设计

递归算法(Recursive Algorithm)是计算机科学领域中研究数据结构和算法的一种非常重要的方法,在算法设计中被广泛使用。对于许多利用计算机解决的问题,递归思想为算法设计提供了一种简洁、易于理解且相对高效的途径。递归算法在执行过程中向自身发出一个或多个调用,或者在原问题的数据结构表示中依赖于相同类型结构的更小的实例表述。

2.1 概 述

一般而言,递归是通过将一个大问题简化为一个或多个子问题来解决的过程,这些子问题要求在结构上与原始问题相同,并且子问题解决起来更为简单。而这些子问题又可以用相同的方法简化为更小、更容易解决的子问题,最终的子问题将变得非常简单,且不需要进一步简化即可直接求解。然后,将最终的解返回上一层,组合出上一层的解。通过逐级返回及组合即可得到原问题的解。

下面,我们来考虑这样一个场景:一个有员工 10000 人的大公司,在年终时,要收集每一位员工的"个人年终总结报告",以作为对员工年终考核的依据之一。

为了解决这个问题,最简单的办法就是请公司的行政主管挨个去收集每个员工的"个人年终总结报告",或者每个员工都各自将自己的"个人年终总结报告"交到行政主管那里。算法过程如下所示。

```
elemtype 收集个人年终总结报告函数(n)        //n 为员工人数,n= 10000
{
    for(每一个员工)
        员工撰写并提交"个人年终总结报告"给行政主管;
    return;
}
```

这种做法需要负责人花费大量的时间来逐一通知每个员工,效率低下。假设该公司的结构由若干个大部门组成,每个大部门下面有若干个小部门,每个小部门下面有若干个小组,每个小组下面有若干个员工。为了描述简单,我们将这些部门或组重新命名如下。

大部门:一级组
小部门:二级组
小组:三级组
员工:四级组

当然每个层级的任意一个组都有组长,每一个员工都是四级组的组长,而行政主管仅直接管理一级组的组长。在这种架构下面,只需要各级组的组长收集本组所辖下级各组或个人的"个人年终总结报告"就可以了,而行政主管负责人只需找所属的一级组组长收集全部报告即可。算法过程如下所示。

```
elemtype 收集所属下级组个人年终总结报告函数(n)      //n 为下级组组数
{
    if (n==1)                                      //n 等于1,即最低层级组——员工
        员工撰写并提交"个人年终总结报告"给组长;
    else
        收集所属下级组个人年终总结报告函数(n);       //n 为下级组组数
    return;
}
```

因此,公司的行政主管只需开始上述流程,则各个层级的组长会重复该流程,直到最低层级的员工个人完成"个人年终总结报告"的撰写,并逐级由各层级的组长汇集,最终所有的报告汇集到了行政主管那里,完成此项工作。这样,整个工作将会高效地完成。

上面这个例子中,第二种方法所设计的算法程序结构就是典型的递归算法。递归算法所设计的函数的第一步包括确定当前问题是否代表简单问题的测试实例,上面例子中即指当前问题是否为最低层级的组,如果是最低层级的组,则函数直接处理解决问题;若不是,则当前问题应该被分解为更小的子问题,即要求下一层级的组长收集报告上交。显然,每一次分解出来的子问题都通过相同的递归策略解决。

◆ 2.2 递归算法设计思想

在 2.1 节给出的示例场景中,如果公司更大或其他类似的一个更大问题的背景下,采用递归算法会使得整个问题在解决的过程中思路非常清晰,有利于算法的设计和实现。

大多数情况下,一个问题是否能够使用递归的方法解决取决于问题本身。递归解决方案以一种相当简单的方式进行处理,该方案的第一步包括检查当前问题是否属于最简单的子问题,即不需要或不能再分解的子问题。如果是这样,问题就直接解决了。如果不是,整个问题将分解为更小的子问题,每个子问题都通过递归解决。最后,将这些子问题的解决方案重新组合,形成原始问题的解决方案。

2.2.1 递归定义

在 C/C++ 环境下,程序处理单元往往以函数的方式处理。在设计程序的过程中,如

果在定义一个函数时,其函数体包含了对自身的调用就称为递归。一般来讲,如果一个函数直接调用自己,称为直接递归;如果是间接调用自己,称为间接递归。伪代码形式如下:

```
//直接递归
elemtype function1(…)
{
    ⋮
    function1(…);
    ⋮
}

//间接递归
elemtype function1(…)
{
    ⋮
    function2(…);
    ⋮
}

elemtype function2(…)
{
    ⋮
    function1(…);
    ⋮
}
```

观察间接递归的伪代码可知,如果将函数 function2() 的代码适当处理,替换掉 function1() 中的 function2() 调用,则最终转换成了对 function1() 的直接递归调用。所以,本章主要讨论直接递归。

2.2.2 递归应用

我们以阶乘这个简单的例子来进入递归算法的设计。用函数 $f(n)$ 来表示 n 的阶乘,如式(2-1)所示。

$$f(n)=n!=\begin{cases}1\times 2\times \cdots \times (n-1)\times n & n\geqslant 1\\ 1 & n=0\end{cases} \quad (2\text{-}1)$$

该问题可以用循环来求解,一般过程如下。

```
long f(long n)
{
    long i,s=1;
    if n==0
        s=1;
    else
```

```
    {
        for(i=1;i<=n;i++)
            s=s*i;
    }
    return s;
}
```

将式(2-1)改为式(2-2)所示的公式：

$$f(n)=n!=\begin{cases}n\times f(n-1) & n\geqslant 1\\ 1 & n=0\end{cases} \quad (2\text{-}2)$$

当 $n\geqslant 1$ 时，式(2-2)中存在直接递归调用，函数参数逐次减小，直到 $n=0$ 时，递归结束，递归程序如下所示。

```
long f(long n)
{
    if n==0 return 1;
    return n * f(n-1);
}
```

阶乘问题求解的递归程序结构清晰、容易理解。阶乘问题递归求解过程示例如图 2.1 所示。

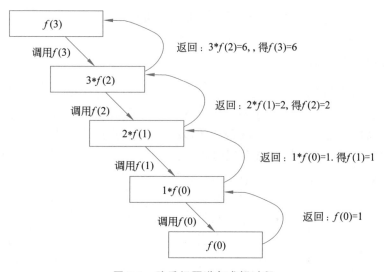

图 2.1 阶乘问题递归求解过程

递归算法中有一类特殊的递归叫作尾递归，是指函数在函数体尾部调用自己，并且不需要对上次递归调用得到的值做任何其他处理，而是直接作为函数的返回值。简单地说，尾递归会使得递归调用在返回时变得简单，不需要任何处理。显然，上述阶乘的递归函数不是尾递归，但通过少量修改，即可得到如下所示的阶乘问题尾递归求解算法。

```cpp
int f(long n, long s)
{
    if(n==0) return s;
    return f(n-1,n * s);
}
int main()
{
    long n;
    cin>>n;
    cout<<f(n, 1)<<endl;
}
```

值得注意的是,在递归函数执行的过程中,当下一层递归调用返回时,需要能够正确地获取上一层调用时产生的相关信息和数据来恢复计算场景,如参数、局部变量、相关地址等。为此,系统需要在内存中开辟栈来完成这项工作。每产生一层递归调用,就会产生一个新的数据信息作为一个工作记录压入该栈的栈顶;而当一层递归调用结束时,就从该栈的栈顶弹出一个工作记录,以恢复上一层调用的相关数据信息。所以,虽然递归算法的设计思路可能会使得程序更加容易设计和理解,但递归的层级越多,栈的内存开销就会越多。如果递归的层次成几何级数增长,例如用简单递归函数去解决分形几何问题时,内存开销也会以几何级数增长,而这种内存开销在一般的计算机系统中是不能够接受的。

◆ 2.3 递归算法示例与过程分析

2.3.1 汉诺塔问题

例 2.1 汉诺塔问题。

有 3 根柱子 A、B、C,A 柱子上有 N 个($N>1$)穿孔圆盘,圆盘的尺寸由下到上依次变小。现要求将 A 柱子上的 N 个圆盘全部移动到 C 柱子上,依然按照从上到下、从小到大的顺序排列(见图 2.2)。圆盘移动规则如下。

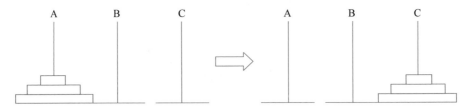

图 2.2 汉诺塔问题

(1) 一次只能移动一个圆盘。
(2) 移动过程中大圆盘不能出现在小圆盘上面。
求总共需要移动多少步数。
问题分析:要把 n 个圆盘从 A 柱子移动到 C 柱子上,第一步应该怎么做?可以肯定,第一步能做的,是移动 A 最上面的那个圆盘,但是应该将其移到 B 还是 C 呢? 不能确定,并且接下来的第二步、第三步……都是很难确定的。

面对这种复杂的问题,我们可以先尝试小规模的解决。当圆盘数量较少时,可以一步步穷举计算,但当圆盘数量变多时,其计算量就会非常大。因此,如果可以将圆盘数量多的情况转化为数量少的情况,问题就会简单化。

当圆盘数量为 2 时通过把小的圆盘先移动到 B,大的圆盘再放到 C,最后小的圆盘从 B 到 C 就完成了,这样只需 3 步即可,如图 2.3 所示。

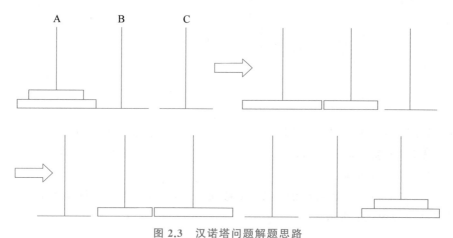

图 2.3 汉诺塔问题解题思路

当圆盘的数量大于 2 时,可以把 A 柱中最上面的 $n-1$ 个圆盘看成一个整体,那么就会变成 $n=2$ 的情况了,即 $n-1$ 个圆盘组成的整体放到 B,最大的放到 C,然后再把 $n-1$ 个圆盘放到 C。这样就做到了一开始提出的把多数化为少数,化繁为简。

设函数 hanno(n,x,y,z)代表把 n 个圆盘从 x 移到 z,y 作为过渡所需的步数,那么可以推出方程:hanno(n,A,B,C)=hanno($n-1$,A,C,B)+1+hanno($n-1$,B,A,C)。

hanno($n-1$,A,C,B)表示上面的 $n-1$ 个圆盘从 A 移动到 B,hanno($n-1$,B,A,C)表示再把这 $n-1$ 个圆盘从 B 移动到 C,加 1 则表示第 n 个圆盘从 A 到 C。

代码如下。

```
int hanno(int n,char A,char B,char C)
{
    if(n > 0)
    {
        return hanno(n-1, A, C, B)+hanno(n-1, B, A, C)+1;
                                    //n- 1 个先从 A 到 B,再从 B 到 C
    }
    else if(n==0)
    {
        return 0;
    }
}
```

```
int main()
{
    int n;
    cin>>n;
    cout<<hanno(n,'A','B','C')<<endl;
}
```

样例输入：

3

样例输出：

7

样例解释：从小到大依次将圆盘编号为1、2、3，具体过程为如下步骤所示。
第一步，将1和2移动到B的步骤为：1移动到C，2移动到B，1移动到B。
第二步，将3移动到C。
第三步，将1和2移动到C的步骤：1移动到A，2移动到C，1移动到C。
详细过程如图2.4所示。

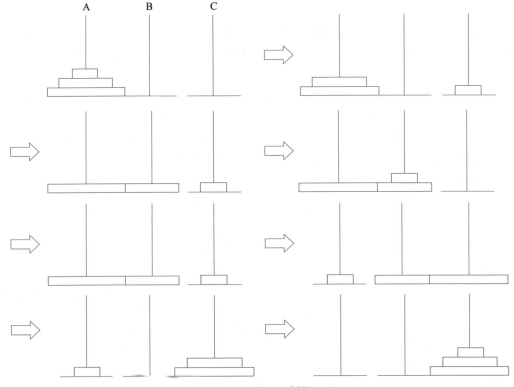

图2.4 汉诺塔问题样例解析过程

2.3.2 逆波兰表达式

例 2.2 逆波兰表达式。

逆波兰表达式是指表达式中不再引用括号,而是将运算符放在两个运算对象之后,所有计算都按照运算符号出现的顺序,严格地从左向右执行运算,并且不再考虑运算符的优先级。如 8/(9+2)-7 对应的逆波兰表达式为:892+/7-。给出一个逆波兰表达式,求其运算结果是多少。

问题分析:逆波兰表达式就是将 A op B 变为 A B op 的形式,比如 A+B 变为 A B+。所有的逆波兰表达式都是利用此方法不断嵌套。

给定逆波兰表达式:{[3(5 2 -) *]7+},显然,每一个括号内都是一个最基本的逆波兰表达式,给定该表达式的存储结构如图 2.5 所示。

逆波兰表达式的计算过程是从表达式的头往后遍历,并用栈存放已经遍历过的值。当遇到运算符时就从栈顶弹出运算数进行计算,然后再将运算结果放入栈中,直到表达式遍历完毕,如图 2.6 所示。

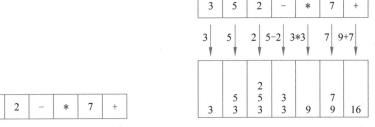

图 2.5 逆波兰表达式的存储结构　　图 2.6 逆波兰表达式的计算过程

设函数 bolan(i) 表示前 i 个字符所组成的逆波兰表达式的值,特别地,如果第 i 个字符为某个数字 A 时,bolan(i)=A。那么 A B+ 的值就可以写成 bolan(3)=bolan(2)+bolan(1)。既然每个逆波兰表达式都是以此为基础的,那么就可以写出通式如下。

(1) bolan(i)=bolan(x)+bolan(y)　　($s[i]$ 为运算符)

(2) bolan(i)=A　　　　　　　　　　($s[i]$ 为数字)

代码如下。

```
string s[105];
int bolan(int &i)
{
    if(s[i][0]>='0'&&s[i][0]<='9')
    {
        return atof(s[i].c_str());            //字符串转数字
    }
    else
    {
        if(s[i][0]=='+')
```

```
            {
                int x=bolan(--i),y=bolan(--i);      //求得嵌套在里面的逆波兰表达式
                return y+x;
            }
            else if(s[i][0]=='-')
            {
                int x=bolan(--i),y=bolan(--i);
                return y-x;
            }
            else if(s[i][0]=='*')
            {
                int x=bolan(--i),y=bolan(--i);
                return y*x;
            }
            else if(s[i][0]=='/')
            {
                int x=bolan(--i),y=bolan(--i);
                return y/x;
            }
        }
}
```

算法的时间复杂度为 $O(n)$。

样例输入：

```
352-*7+@
```

样例输出：

```
16
```

样例解释：
bolan(7)＝bolan(6)＋bolan(5)＝7＋bolan(5)。
bolan(5)＝bolan(4)*bolan(1)＝bolan(4)*3。
bolan(4)＝bolan(2)－bolan(3)＝5－2＝3。
那么可以推出：bolan(5)＝3*3＝9、bolan(7)＝7＋9＝16。

◆ 2.4 递归转化为非递归

2.4.1 递归转尾递归

例 2.3 斐波那契数列转尾递归求解。
问题描述：设 $f(0)=1, f(1)=1, f(n)=f(n-1)+f(n-2)$，给定整数 n，求 $f(n)$。

解题思路：斐波那契数列的递归代码如下。

```
long long Fib(int n)
{
    if(n<=1) return 1;
    else return Fib(n-1)+Fib(n-2);
}
```

但是上述递归方法返回的并不是调用自己本身，而是存在加法，所以不是尾递归。

这种方法会导致 Fib(i) 重复计算，时间复杂度就比较大。例如 Fib(5) 的具体计算过程如图 2.7 所示。

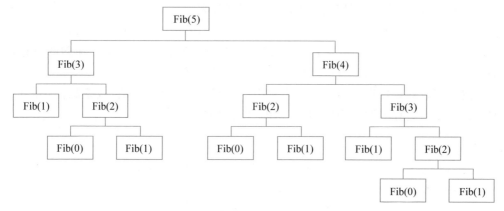

图 2.7　斐波那契数列递归过程

将上述递归过程改成尾递归的最主要目的是去掉加法，减少重复计算。然后把计算结果放到函数的参数内达到保留计算结果的目的。设 Fib(n,m,a,b) 表示递归到第 m 个数，还需要递归 n 次，第 m 个数的值为 a，第 $m-1$ 个数为 b，那么就得到递归转移式 Fib(n,m,a,b)→Fib($n-1,m+1,a+b,a$)。具体代码如下。

```
long long Fib(int n,int m,long long a,long long b)    //为防止计算结果会超过 int
                                                      //范围,使用 long long 类型
{
    if(n==0) return a;
    else return Fib(n-1,m+1,a+b,a);
}
```

尾递归算法的时间复杂度为 $O(n)$。
样例输入：

5

样例输出：

8

样例解释:初始状态为 Fib(4,1,1,1),递归变化如图 2.8 所示。

图 2.8 斐波那契数列尾递归过程

最后求得 $f(5)=8$。

2.4.2 递归转非递归

例 2.4 直接转换法(利用循环求解斐波那契数列)。

问题描述:设 $f(0)=1, f(1)=1, f(n)=f(n-1)+f(n-2)$,求 $f(n)$。

递归转非递归的过程有直接转换法和间接转换法两种,若递归转非递归的过程没有借助栈等复杂数据结构则为直接转换法,反之则为间接转换法。

斐波那契数列可以直接借助循环来解决,实现比递归更加简洁,效率更高,并且容易理解。只需用数组存斐波那契数列的值,即可利用循环实现。

代码如下。

```
long long f[55];          //值过大,超过 int,用 long long 类型
int main()
{
    int n;
    cin>>n;
    f[0]=f[1]=1;
    for(int i=2;i<=n;i++)
    {
        f[i]=f[i-1]+f[i-2];
    }
    cout<<f[n]<<endl;
}
```

样例输入:

5

样例输出:

8

例 2.5 间接转换法(二叉树遍历的非递归实现)。

给出一棵根结点为 1 的二叉树和每个结点的左右儿子结点,要求用前序遍历方式遍历这棵二叉树。

解题思路：设某个结点为 u，其左儿子结点为 lson$[u]$，右儿子结点为 rson$[u]$。利用递归方式遍历二叉树的过程如下。

从根结点开始递归，判断左儿子结点是否为空，如果不是，则继续递归遍历左儿子结点，在递归完左子树后，判断右儿子结点是否为空，如果不是，则递归遍历右儿子结点。

代码如下。

```
void dfs(int u)
{
    cout<<u<<" ";              //输出当前遍历到的结点
    if(lson[u]) dfs(lson[u]);  //如果存在左儿子结点,遍历左子树
    if(rson[u]) dfs(rson[u]);  //如果存在右儿子结点,遍历右子树
}
```

给定如图 2.9 所示的二叉树，借助栈来进行非递归前序遍历。

前序遍历是先遍历左子树，再遍历右子树。在遍历过程中，先将右儿子结点放入栈中，再将左儿子结点放入栈中，此时，左子树位于栈顶，弹出栈顶元素进行左子树优先遍历。当左子树遍历完毕，则弹出的栈顶元素为当前结点的右子树，此时，进入右子树的遍历。具体过程如图 2.10 所示。

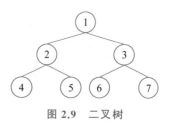

图 2.9　二叉树

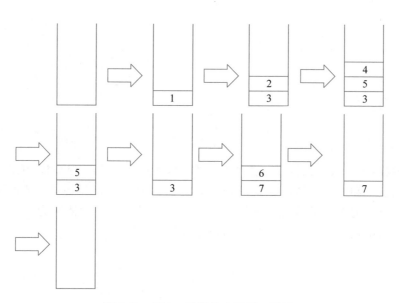

图 2.10　例 2.5 用栈前序遍历二叉树

代码如下。

```
int lson[1005],rson[1005];
int main()
{
int n;
    cin>>n;
    for(int i=1;i<=n;i++)
    {
        cin>>lson[i]>>rson[i];
    }
    stack<int>s;
    s.push(1);
    while(!s.empty())
    {
        int node=s.top();
        s.pop();
        cout<<node<<" ";
        if(rson[node]) s.push(rson[node]);      //存入右儿子结点
        if(lson[node]) s.push(lson[node]);      //存入左儿子结点
    }
}
```

样例输入:

```
5
2 3
4 5
0 0
0 0
0 0
```

样例输出:

```
1 2 4 5 3
```

样例解释: 一开始,先将根结点 1 压入栈中,然后将结点 1 弹出栈,依次压入结点 1 的右儿子结点 3 和左儿子结点 2,此时栈中元素依次为结点 3、结点 2。接着弹出结点 2,依次压入结点 2 的右儿子结点 5 和左儿子结点 4,此时栈中元素依次为 3、5、4,最后再依次出栈。所以出栈顺序为 1、2、4、5、3,为前序遍历的顺序。

2.5 能力拓展

2.5.1 K 数列

有一个数列 a_1、a_2、a_3、…,满足 $a_1=1$,$a_2=1$,当 $n>2$ 时有 $a_n=2a_{n-1}+3a_{n-2}$,则称

该数列为 K 数列。给定整数 k,求数列第 k 项是多少。

解题思路:该题为斐波那契数列的变形,但本质其实是一样的,都可以用普通递归、尾递归还有非递归求解,下面给出这 3 种解法。

1. 普通递归

和普通的斐波那契数列一样,同样设 $f(i)$ 表示数列第 i 项的值,要求第 i 项,就先求得 $f(i-1)$ 和 $f(i-2)$,那么利用递归调用自己本身求得,最后返回 $3*f(i-1)+2*f(i-2)$ 即可。

代码如下所示。

```
long long f(int n)      //结果可能会超过 int 范围,所以用 long long 类型
{
    if(n==1||n==2) return 1;
    else return 2*f(n-1)+3*f(n-2);
}
```

2. 尾递归

在求解斐波那契尾递归时,设 $\text{Fib}(n,m,a,b)$ 表示递归到第 m 个数,还需要递归 n 次,第 m 个数的值为 a,第 $m-1$ 个数为 b。此问题的表示方法与斐波那契数列相似,不同的是每次递归到下一个状态时,a 位置的值为下一个数的值,而下一个数的值为当前数乘 2 加上前一个数乘 3,所以递归转移式要改变为:$\text{Fib}(n,m,a,b) \rightarrow \text{Fib}(n-1,m+1,2*a+3*b,a)$。

代码如下所示。

```
long long Fib(int n,int m,long long a,long long b)
//结果可能会超过 int 范围,所以用 long long 类型
{
    if(n==0) return a;
    else return Fib(n-1,m+1,2*a+3*b,a);     //还要递归 n-1 次,递归到第 m+1 个数
}
```

3. 非递归

非递归的实现相对简单,只需用数组去存下这个数列的值,然后循环去计算出这个数列即可。

代码如下所示。

```
long long a[35];
int main()
{
    int n;
```

```
    cin>>n;
    a[1]=a[2]=1;
    for(int i=3;i<=n;i++)
    {
        a[i]=2*a[i-1]+3*a[i-2];
    }
    cout<<a[n]<<endl;
}
```

样例输入：

```
5
```

样例输出：

```
121
```

样例解释(尾递归)：初始状态为 Fib(4,1,1,1)，求解过程状态变化如图 2.11 所示。

图 2.11　用尾递归求解样例过程

最后求得 $f(5)=121$。

2.5.2　猴子爬树

递归算法求解猴子爬树问题

一只猴子的手上有一堆香蕉，现在这只猴子想要爬树，但是每爬上 1 米，手里的香蕉就会掉落一半加 1，保证每次掉落时香蕉数量为偶数，现在知道猴子已经爬了 m 米，且手里香蕉数为 n 个，求最初有多少根香蕉。

解题思路：假设只爬了 1 米，那么最初数量就为 $(n+1)*2$，当爬了 m 米时，就要算出前一个状态有多少数量，再利用这个数量计算出再前一个状态。

设 $F(x,y)$ 表示爬了 x 米后的香蕉数为 y。那么状态转移就是：$F(x,y) \to F(x-1, (y+1)*2)$，并以此递归，如图 2.12 所示。

图 2.12　$F(x,y)$ 转移过程

可以发现，递归是从末态到初态的，即将爬树的过程倒放，原因是我们只知道末态的信息，因此要从末态出发，假如题目条件改为已知初始数量，那么此时就要从初态开始递归。

算法的时间复杂度为 $O(n)$。

代码如下。

```
int F(int x,int y)
{
    if(!x) return y;              //x=0,则到了初态,返回 y
    else return F(x-1,(y+1) * 2); //前一米有(y+1) * 2 个
}
```

样例输入：

3 2

样例输出：

30

样例解释：当 $m=3,n=2$ 时,递归状态转移如图 2.13 所示。

图 2.13　递归状态转移示例

爬了 3 米后有 2 个,那么爬了 2 米时数量为 $(2+1)\times 2=6$ 个,爬了 1 米时数量为 $(6+1)\times 2=14$ 个,还未爬时的数量为 $(14+1)\times 2=30$ 个,因此最初猴子有 30 根香蕉。

2.5.3　分黑球

有 m 个相同的盒子和 n 个相同的黑球,把 n 个黑球放到这 m 个盒子里,允许有盒子为空,求有多少种放法？注意：1 2 3 和 3 2 1 是同一种放法。

解题思路：将盒子从小到大编号为 1、2、3、…、m,设第 i 个盒子里放 $s[i]$ 个黑球,由于数量调换是同一种放法,所以可令 $s[1]\geqslant s[2]\geqslant s[3]\geqslant \cdots \geqslant s[m]$。然后用递归的方式去枚举每个盒子里面放多少个黑球即可。

设 $f(x,y,pre)$ 表示将 x 个黑球放在 y 个盒子里,且前一个盒子放了 pre 个黑球的放法,初始状态时 pre 为 -1。当递归到第 i 个盒子时,如果 pre 为 -1,表示当前为第一个盒子,那么能放的黑球数量就在区间 $[0,x]$ 里,如此逐一枚举即可;如果 pre 不为 -1,那么在这个盒子里放的黑球数 k 就不能超过前一个盒子,即必须 $k\leqslant$ pre,而且剩下的 x 个黑球也存在 $k\leqslant x$,综合两种情况可知 $k\leqslant \min(pre,x)$,因此这个盒子里能放的黑球数量就在区间 $[0,\min(pre,x)]$。

设 $t=\min(pre,x)$,递归过程如图 2.14 所示。

递归出口条件为：$y=0$,此时所有的盒子都已经遍历过了。但还需注意 x 可能不为 0,即还剩有黑球没有分配,这种情况说明当前放法不合法。因此,在递归出口的时候要判断 x 是否为 0,若为 0,则返回 1,反之则为 0。

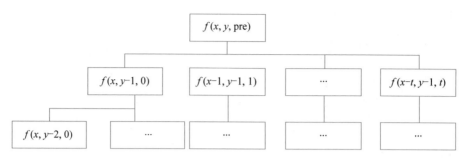

图 2.14 分黑球递归过程

代码如下。

```
int f(int n,int m,int pre)
{   if(m==0)
    {
        if(n) return 0;              //还有剩余的黑球,则不合法
        else return 1;
    }
    int ans=0;
    if(pre==-1)                      //当前为第一个盒子
    {
        for(int i=0;i<=n;i++)
        {
            ans+=f(n-i,m-1,i);
        }
    }
    else
    {
        for(int i=0;i<=min(pre,n);i++)   //最多只能放 min(pre,n)个
        {
            ans+=f(n-i,m-1,i);
        }
    }
    return ans;
}
```

样例输入:

2 3

样例输出:

2

样例解释：如图 2.15 所示。

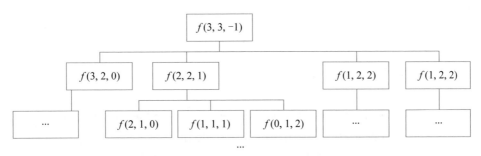

图 2.15　分黑球递归样例过程

输入样例表示的问题有(1,1,1)(2,1,0)(3,0,0)这 3 种放法符合要求。

1. 选数

题目描述：在 1～n 这 n 个数中随机选出 m 个不同的数，输出所有可能的选择方案，要求从小到大输出。

输入描述：一行输入两个整数 $n,m(1 \leqslant m \leqslant n \leqslant 10)$。

输出描述：按照从小到大的顺序输出所有方案，一行一个方案。

2. 选数

题目描述：在 1～n 这 n 个数中随机选出 m 个数，可以选择相同的数，输出所有可能的选择方案，要求从小到大输出。

输入描述：一行输入两个整数 $n,m(1 \leqslant m \leqslant n \leqslant 10)$。

输出描述：按照从小到大的顺序输出所有方案，一行一个方案。

3. 求二叉树的深度

题目描述：给出一棵根结点为 1 的二叉树，和每个点的左右儿子结点，求这棵二叉树的深度。

输入描述：第一行输入二叉树的结点数 $n(1 \leqslant n \leqslant 1000)$。

接下来 n 行，每行输入两个整数 l、r，分别代表左儿子结点编号和右儿子结点编号，0 代表结点为空。

输出描述：输出二叉树的深度。

4. 无限 0-1 字符串

题目描述：0-1 字符串是一种只有字符 0 和 1 的字符串。有如下两种操作。

(1) 翻转字符串(reverse)，例如 011 变为 110。

(2) 反转字符串(switch)：0 变为 1，1 变为 0。

有一个 01 字符串的无限序列：

$$S[1]=0$$
$$S[2]=001$$
$$S[3]=0010011$$
$$\vdots$$
$$S[n]=S[n-1]+0+switch(reverse(S[n-1]))$$

现在给出一个整数 k，求 $S[50]$ 中第 k 个字符是什么。

输入描述：一行输入一个整数 k，$(1 \leqslant k \leqslant 1000000000000000)$。

输出描述：输出一个字符 0 或 1。

5. 数的美丽值

题目描述：现有如下操作：对一个数 x，将其所有位上的数相加，得到一个新的数。给出一个数字 n，不断对其进行上述操作，直到得到的数为个位数，并将其称之为数字 n 的美丽值，求最后得到的个位数。

输入描述：一行输入一个数字 $n(1 \leqslant n \leqslant 1000000000)$。

输出描述：输出得到的个位数。

6. 神奇的集合

题目描述：有一个元素集合，它有如下性质。

(1) k 是集合中的一个元素。

(2) 若 y 是集合中的一个元素，则 $y \times 2+1$ 和 $y \times 3+1$ 也是集合中的元素。

保证除了上述情况，无其他元素在集合内。

现给出两个整数 k 和 x，求 x 是否在集合内。

输入描述：一行输入两个整数 k、$x(1 \leqslant k \leqslant x \leqslant 100000)$。

输出描述：如果 x 是集合内的元素，则输出 YES；反之，输出 NO。

7. 爱下蛋的母鸡

题目描述：有一只母鸡，每年能生下一只小母鸡，小母鸡在过了 3 年之后每年也能生下一只小母鸡，问第 n 年时，有多少只鸡。例如：在第 1 年，只有一只母鸡，在第 2 年，母鸡生下小鸡，有两只母鸡，这只小母鸡在第 4 年的时候会开始生下小母鸡。

输入描述：一行输入一个整数 $n(1 \leqslant n \leqslant 40)$。

输出描述：输出第 n 年有多少只母鸡。

8. 杨辉三角

题目描述：杨辉三角如下所示。

```
        1
       1 1
      1 2 1
     1 3 3 1
    1 4 6 4 1
   1 5 10 10 5 1
```

其有一个性质：第 i 行的第 j 个数等于第 $i-1$ 行第 j 个数加上第 $i-1$ 行第 $j-1$ 个数。知道此性质后，给出一个数字 n，要求输出前 n 层的杨辉三角。

输入描述：一行输入一个整数 $n(1 \leqslant n \leqslant 20)$。

输出描述：输出相应层数的杨辉三角，每一层的整数之间用一个空格隔开。

9. 由 a 变 b

题目描述：对一个数 x 有两如下种操作。

(1) 将 x 乘上 2，即 $x = x \times 2$。

(2) 在 x 的末尾添加 1，即 $x = x \times 10 + 1$。

现在给出两个整数 a 和 b，问 a 能通过上述操作任意次变为 b。

输入描述：一行输入两个整数 a、$b(0 < a < b < 1000000000)$。

输出描述：若 a 能变成 b，则输出 YES；反之输出 NO。

10. 安排座位

题目描述：有一个豪华剧场，其台下座位可以看成是一个 $n \times m$ 的网格，为了提升观众的观看体验感，不被打扰，工作人员规定，如果某个位置有人坐，那么其上、下、左、右 4 个位置都必须空着，不能坐。已知有 k 个观众，求有多少种坐法是满足要求的。不考虑观众的不同性。

输入描述：一行输入 3 个整数 n、m、$k(1 \leqslant n, m \leqslant 20, 1 \leqslant k \leqslant 4)$。

输出描述：输出一个整数，表示有多少种坐法。

第 3 章 蛮力法

3.1 概述

蛮力法(又称穷举搜索或完全搜索法)是一种简单的方法,常常直接基于问题的描述和所涉及的概念定义。蛮力法是一种通用的方法,几乎可以解决任何算法问题。其思想是生成问题的所有可能解方案,然后根据问题选择最佳解决方案。

3.2 蛮力法的主要设计思想

3.2.1 使用蛮力法的几种情况

如果有足够的时间来处理所有的解决方案,蛮力法会是一种很好的方法,因为该算法通常很容易实现,并且它总是能给出正确的答案。蛮力法可用于以下场景。

(1) 一些小规模的问题。当要解决的问题实例不多并且可以接受蛮力法的运算速度时,蛮力法的设计代价通常较为低廉。

(2) 问题找不到一个精确的解决方案。在许多情况下,蛮力法或其变种是唯一已知可获得精确解决方案的方法。

(3) 蛮力法可以为矩阵乘法、排序、搜索、字符串匹配等重要问题提供合理的算法。

3.2.2 蛮力法的求解步骤

蛮力法包括以下步骤。

(1) 用蛮力算法求解问题,需要事先确定问题的特殊性质,通常解是在解组合对象(如排列、组合或集合的子集)中。

(2) 系统地列出问题的所有潜在解决方案。

(3) 评估所有潜在的解决方案,取消不可行的解决方案,对于优化问题,跟踪直到找出最佳的解决方案。

(4) 返回最优解。

3.3 蛮力法示例与分析

3.3.1 选择排序

例 3.1 给定一个大小为 n 的数组,请将数组中的元素按从小到大进行排序并输出。

解题思路：选择排序算法的思想是,将数组分为已排序部分和未排序部分,每次对未排序部分进行扫描,找出最小值,将其和未排序部分的第一个元素交换位置,此时这个位置的元素已经属于已排序部分,经过 $n-1$ 次这样的操作,数组有序。

对于如图 3.1 所示的数据,可按照图 3.2~图 3.6 进行选择排序。

Step0：初始状态,所有元素都属于未排序状态。

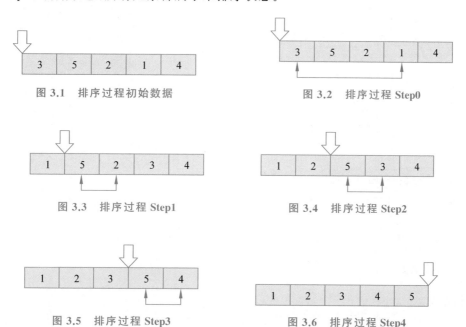

图 3.1　排序过程初始数据　　　　　图 3.2　排序过程 Step0

图 3.3　排序过程 Step1　　　　　　图 3.4　排序过程 Step2

图 3.5　排序过程 Step3　　　　　　图 3.6　排序过程 Step4

Step1：将未排序部分中的最小值 1 与未排序部分的第一个元素 3 交换,排序部分元素个数加 1,未排序部分元素个数减 1,目前排序部分为{1},未排序部分为{5,2,3,4}。

Step2：将未排序部分中的最小值 2 与未排序部分的第一个元素 5 交换,排序部分元素个数加 1,未排序部分元素个数减 1,目前排序部分为{1,2},未排序部分为{5,3,4}。

Step3：将未排序部分中的最小值 3 与未排序部分的第一个元素 5 交换,排序部分元素个数加 1,未排序部分元素个数减 1,目前排序部分为{1,2,3},未排序部分为{5,4}。

Step4：将未排序部分中的最小值 4 与未排序部分的第一个元素 5 交换,因为未排序部分只剩下两个元素,因此交换后整个数组有序。

考虑将选择排序通过代码呈现,将未排序部分起始下标 i 设为 1,重复若干次如下步骤直至 $i=n$。

(1) 扫描未排序部分,找出最小值对应下标 mnpos。

(2) 将 mnpos 对应元素与位置 i 对应元素交换。

(3) 未排序部分起始下标 $i++$。

选择排序要经过 $n(n-1)/2$ 次比较,因此复杂度为 $O(n^2)$。

参考代码如下。

```
int main()
{
    cin >> n;
    for(int i = 1; i <= n; i++)
        cin >> a[i];
    for(int i = 1; i <= n -1; i++)
    {
        int mn = a[i], mnpos = i;
        for(int j = i +1; j <= n; j++)
        {
            if(a[j] <mn)
            {
                mn = a[j];
                mnpos = j;
            }
        }
        if(mnpos != i)
            swap(a[i], a[mnpos]);
    }
}
```

测试结果如下。

```
请输入数组大小:
5
请输入数组元素值:
3 5 2 1 4
输出排序后结果:
1 2 3 4 5
```

3.3.2 旅行商问题

旅行商问题(Traveling Salesman Problem,TSP)描述:商品推销员要去 n 个城市推销商品,城市从 1 至 n 编号,任意两个城市间有一定距离,该推销员从城市 1 出发,需要经过所有城市并回到城市 1,求最短总路径长度。

解题思路:把旅行商问题看作一种排列问题,不难想出,这道题的蛮力做法即穷举所有路线。选定起点有 n 种选法,选定起点后的下一个目的地有 $n-1$ 种选择方法,再下一个有 $(n-2)$ 种选择方法,……总共有 $n!$ 种排列方法,算法复杂度达到 $O(n!)$,因此蛮力法只能解决小规模问题。

将该题转化为加权图模型，顶点表示城市，边权表示距离，枚举所有路线并取最小值。

例 3.2 求解城市数量 $n=4$ 的 TSP 问题，其中城市直接连接关系如图 3.7 所示。

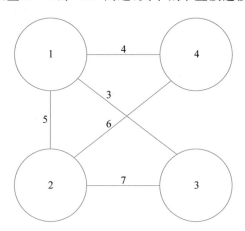

图 3.7　旅行商问题加权图模型

所有的可能路线及总距离如表 3.1 所示。

表 3.1　所有的可能路线及总距离表

路　　线	总　距　离	路　　线	总　距　离
1，2，3，4，1	3→4 不可行	1，3，2，4，1	20
1，2，4，3，1	4→3 不可行	1，4，2，3，1	20
1，3，4，2，1	3→4 不可行	1，4，3，2，1	4→3 不可行

利用深度优先搜索（Deep First Search，DFS）方法进行搜索，得到如图 3.8 所示的搜索树。

参考代码如下。

```
void dfs(int * a, int len, int num, int u)
//数组记录历经城市的顺序，len 记录总距离，num 记录经过城市个数，
//u 表示当前在哪个城市
{
    if(num == n)
    {
        if(dis[u][1] == -1)
            return;
        len += dis[u][1];
        ans = min(ans, len);
        return;
    }
    for(int i = 2; i <= n; i++)
```

旅行商问题

```
        {
            int flg = 0;
            for(int j = 1; j <= num; j++)
            {
                if(a[j] == i)            //排除已经经过该城市的情况
                {
                    flg = 1;
                    break;
                }
            }
            if(!flg && dis[u][i] != -1)  //排除无法到达该城市的情况
            {
                a[num +1] = i;
                dfs(a, len +dis[u][i], num +1, i);
            }
        }
    }
```

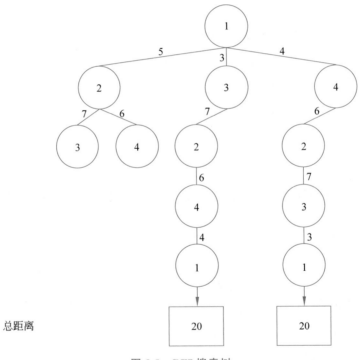

图 3.8　DFS 搜索树

最短路径长度为：20。

3.3.3　字符串匹配蛮力解决

给定一个文本串 s_1 和模式串 s_2，从文本串中找出模式串第一次出现的位置，若不存在，输出 −1。

解题思路：BF 算法的原理就是将文本串的第一个字符和模式串的第一个字符比较，如果相同，则比较下一个，否则将文本串位置后移，再次尝试和模式串匹配，直至匹配成功。最多进行 nm 次比较（n,m 分别表示文本串长度和模式串长度），算法复杂度达到 $O(nm)$。

例 3.3 从文本串为 s_1＝aababc 中找出模式串 s_2＝abc 第一次出现的位置。

文本串与模式串匹配过程如下。

(1) 文本串位置＝0，模式串位置＝0，$s_1[0]=s_2[0]=$'a'，匹配成功，模式串位置后移一位。

(2) 文本串位置＝0，模式串位置＝1，$s_1[1]=$'a'，$s_2[1]=$'b'，匹配失败，模式串位置回到 0，文本串位置后移。

(3) 文本串位置＝1，模式串位置＝0，$s_1[1]=s_2[0]=$'a'，匹配成功，模式串位置后移一位。

(4) 文本串位置＝1，模式串位置＝1，$s_1[2]=s_2[1]=$'b'，匹配成功，模式串位置后移一位。

(5) 文本串位置＝1，模式串位置＝2，$s_1[3]=$'a'，$s_2[2]=$'c'，匹配失败，模式串位置回到 0，文本串位置后移。

(6) 文本串位置＝2，模式串位置＝0，$s_1[2]=$'b'，$s_2[0]=$'a'，匹配失败，模式串位置保持 0，文本串位置后移。

(7) 文本串位置＝3，模式串位置＝0，$s_1[3]=s_2[0]=$'a'，匹配成功，模式串位置后移一位。

(8) 文本串位置＝3，模式串位置＝1，$s_1[4]=s_2[1]=$'b'，匹配成功，模式串位置后移一位。

(9) 文本串位置＝3，模式串位置＝2，$s_1[5]=s_2[1]=$'c'，匹配成功，模式串位置后移一位。

(10) 模式串位置＝3，模式串与字符串匹配成功。

参考代码如下。

```
int search()
{
    int l = 0, p = 0;         //l 表示目前匹配的文本串位置,p 表示模式串的位置
    int len = s2.size();      //匹配串的长度
    while(l +p <s1.size())
    {
        if(s1[l +p] == s2[p])     //单个字符匹配成功
        {
            p++;
            if(p == len)          //文本串和模式串匹配成功
                return l +1;
        }
        else
```

```
            {
                l++;              //匹配失败,匹配下一个元素
                p = 0;            //p回到模式串首
            }
        }
        return -1;
    }
```

3.3.4 0-1背包问题

有 n 种物品,第 i 种物品的质量为 W_i,价值为 V_i,有一个存放质量为 C 的背包,怎样选取物品,使得在物品总质量不超过 C 的情况下总价值最大。

解题思路:要在所有可行情况下找到最大总价值,要枚举所有可行情况,把每个物品看作一个元素,即枚举出所有可行的子集,子集生成可以通过深度优先实现。对于每个物品,选择和不选择两种状态,因此,n 个元素的子集数量达到 2^n,算法的时间复杂度为 $O(2^n)$。

例3.4 有4个物品,物品的质量 $W=[1,3,5,7]$,价值 $V=[4,6,9,13]$,背包容量为12,求背包所能存放物品的最大价值。

表3.2列出了问题的所有可行子集。

表3.2 所有可行子集表

子集	总质量	总价值
$\varPhi$	0	0
1	1	4
2	3	6
1,2	4	10
3	5	9
1,3	6	13
2,3	8	15
2,3	9	19
4	7	13
1,4	8	17
2,4	10	19
1,2,4	11	23
3,4	12	21
1,3,4	13	不可行
2,3,4	15	不可行
1,2,3,4	16	不可行

深度优先(DFS)搜索树如图 3.9 所示。

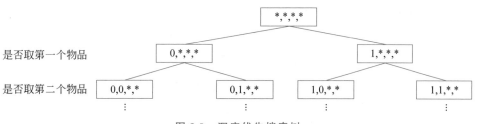

图 3.9 深度优先搜索树

参考代码如下。

```
void dfs(int num, int sumw, int sumv)
//num 表示当前是第几个物品,sumw 表示当前的总质量,sumv 表示当前价值
{
    if(num == n +1)
    {
        ans = max(ans, sumv);
        return;
    }
    if(sumw +w[num] <= c)                          //如果放得下该物品
        dfs(num +1, sumw +w[num], sumv +v[num]);   //递归构造子集
    dfs(num +1, sumw, sumv);                       //不放该物品的情况,递归构造子集
}
```

所以,当选取 1、2、4 这 3 个物品时,背包中存放物品的价值之和达到最大,为 23。

◆ 3.4 能力拓展

3.4.1 连续数和

给定数字 n,试求能否将 n 分解为几个连续正整数之和,如果有多种结果,输出连续整数中最小值最大的那一组结果。如果无解,输出 -1。

解题思路:假设存在正整数 a 使得 $n=a+a+1+a+2+\cdots+a+k$。不难想到枚举 a,因为至少要分解成两个数的和,所以 $a<n/2$,但枚举 a 后 k 仍然不确定,还要依次枚举 k 判断是否为问题的解,因此,问题的复杂度为 $O(n^2)$,复杂度较高。

进一步分析可知,由于 $n=(2a+k)\times(k+1)/2$,且 a 为正整数,所以 $2a+k>k+1$,代入得 $n>(k+1)^2/2$。移项后得 $k<\sqrt{2n}-1$,所以 k 的最大值不超过 $\sqrt{2n}$。

而 a 的值也可以通过移项获得,即 $a=((n\times2)/(k+1)-k)/2$。当存在 k、a 的值为正整数时有解,并且 k 越小,a 越大,从小到大枚举 k,第一个可行解即满足题目要求的解,时间复杂度优化到了 $O(\sqrt{n})$。由此可见,就算是蛮力枚举,枚举的值不同也会对时间复杂度产生显著影响。

例 3.5 当 $n=10$ 时,输出连续数和。

该问题的求解过程如表 3.3 所示。

表 3.3 连续数和求解过程

k	a	k	a
1	9/2	3	1
2	7/3		

$n=10$ 时的连续数为:1、2、3、4。

参考代码如下。

```
int main()
{
    cin >> n;
    int flag = 0;
    for(int i = 1; i * i <= 2 * n; i++)
    {
        int a = ((n * 2) / (i +1) -i) / 2;
        if(a > 0 && (2 * a +i) * (i +1) / 2 == n)
        {
            flag = 1;            //标记找到解
            for(int j = 0; j <= i; j++)
            {
                cout <<a +j <<" ";
            }
            break;
        }
    }
    if(!flag)
        cout <<-1;
}
```

3.4.2 矩形个数

给定 $n \times n$ 的矩阵,矩阵中有 0 和 1 两个数字,现要求矩阵中只包含 0 的矩形的数量。

解题思路:枚举矩形左上角坐标 i、j,矩形右边界 k,在 i、j、k 一定的情况下能得到的满足条件的矩形个数和能向下扩展的高度有关,在 k 增加的过程中不断更新可扩展的高度。

例 3.6 给定 $n=4$,矩阵中数字如表 3.4 所示,求矩阵中只包含 0 的矩形的数量。

表 3.4　例 3.6 矩阵

0	0	1	0
1	1	0	1
0	1	0	0
0	1	0	1

该问题的蛮力搜索过程如下所示。

（1）首先搜索第一行，如图 3.10 所示。

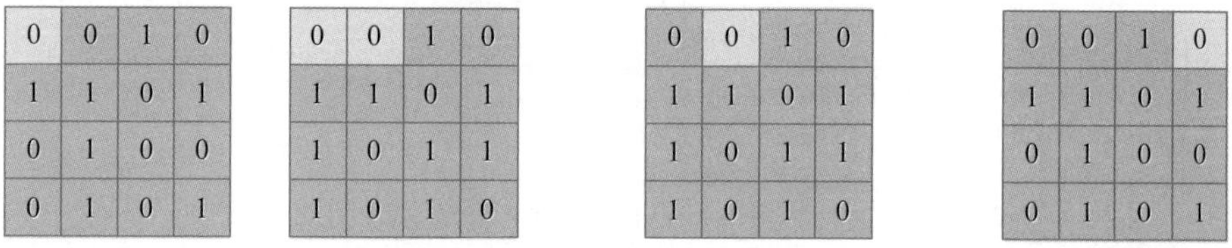

图 3.10　搜索矩阵第一行

① $i=1,j=1,k=1$，无法再向下扩展，得到一个矩形。
② $i=1,j=1,k=2$，无法再向下扩展，得到一个矩形。
③ $i=1,j=2,k=2$，无法再向下扩展，得到一个矩形。
④ $i=1,j=4,k=4$，无法再向下扩展，得到一个矩形。

（2）其次搜索矩阵第二行，如图 3.11 所示。

$i=2,j=3,k=3$，可以向下扩展两层，得到 3 个矩形。

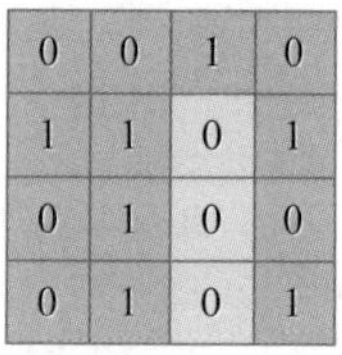

图 3.11　搜索矩阵第二行

（3）再次搜索矩阵第三行，如图 3.12 所示。

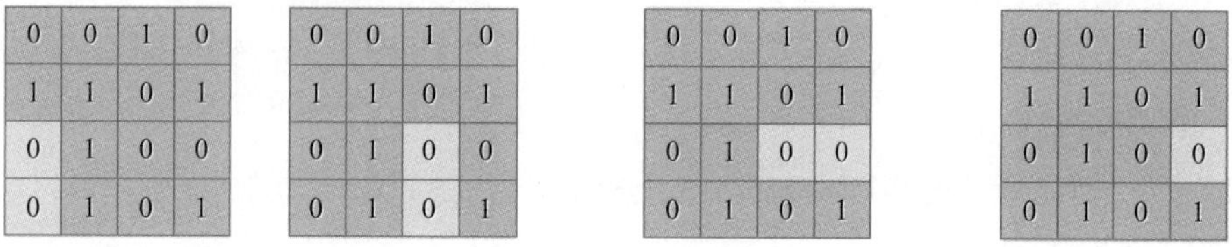

图 3.12　搜索矩阵第三行

① $i=3,j=1,k=1$，可以向下扩展一层，得到两个矩形。
② $i=3,j=3,k=3$，可以向下扩展一层，得到两个矩形。
③ $i=3,j=3,k=4$，无法再向下扩展，得到一个矩形。
④ $i=3,j=4,k=4$，无法再向下扩展，得到一个矩形。

（4）最后搜索矩阵第四行，如图 3.13 所示。

① $i=4,j=1,k=1$，无法再向下扩展，得到一个矩形。
② $i=4,j=3,k=3$，无法再向下扩展，得到一

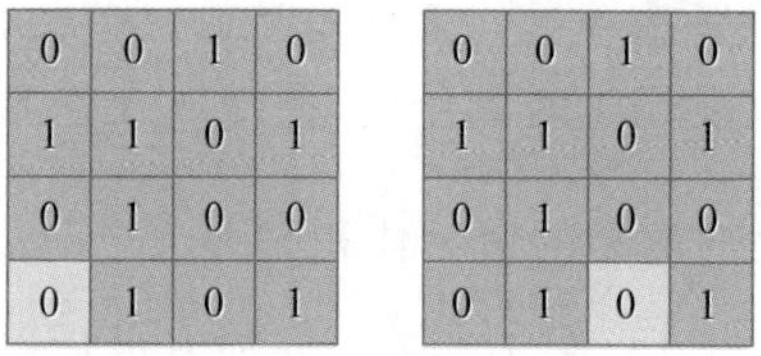

图 3.13　搜索矩阵第四行

个矩形。

因此,只要预处理出每个位置能向下扩展的最高高度 $h[i][j]$,再在枚举 k 的时候取 $\min\{h[i][j], h[i][j+1], \cdots, h[i][k]\}$,即可以得到矩形的个数。

参考代码如下。

```
for(int i = n; i >= 1; i--)        //从下到上预处理每个位置可以向下扩展的最高高度
{
    for(int j = 1; j <= n; j++)
    {
        if(mp[i][j])
            h[i][j] = 0;
        else
            h[i][j] = h[i +1][j] +1;
    }
}
int ans = 0;
for(int i = 1; i <= n; i++)
{
    for(int j = 1; j <= n; j++)
    {
        int hei = h[i][j];                      //可扩展的高度
        for(int k = j; k <= n; k++)
        {
            hei = min(h[i][k], hei);            //可扩展的高度由最小值决定
            ans += hei;
        }
    }
}
```

最终求得问题所示的矩阵中包含 15 个矩形。

习 题

1. 探囊取物

小明有一个空的背包,容量为 T,他可以将两种数量无限的物品放入背包,物品 a 的体积为 A,物品 b 的体积为 B。小明可以按任意顺序将任意数量的两种物品放入包中,并且在放的过程中他可以对物品进行一次体积压缩,可以在任意时刻使用,使得放入物品的总体积从 x 变为 $\left\lfloor \dfrac{x}{2} \right\rfloor$,问小明在不超过背包容量的情况下能装的最大体积是多大。

输入描述:一行,3 个整数 T、A、$B(1 \leqslant T \leqslant 5000000, 1 \leqslant A, B \leqslant T)$,分别表示背包容量、物品 a 的体积、物品 b 的体积。

输出描述：一个正整数，不超过背包容量的情况下能装的最大体积。

2. 数位乘积

给定一个 n，求 $1 \sim n$ 每一个数字每一位乘积的最大值。如 $1 \sim 234$ 中最大的数位乘积是 199 的数位乘积（$1 \times 9 \times 9 = 81$）。

输入描述：一行，一个正整数 $n(1 \leqslant n \leqslant 10^9)$。

输出描述：一个正整数，表示最大数位乘积。

3. 使其相等

给定一个数组，每次可以对数组中的一个数做以下操作中的一种：

(1) 使 x 变为 $\lfloor \dfrac{x}{2} \rfloor$。

(2) 使 x 变为 $2x$。

问最少多少次操作可以使数组中的元素都相等。

输入描述：

第一行一个整数 $n(1 \leqslant n \leqslant 10^5)$，表示元素个数。

第二行 n 个用空格隔开的数 $a_i(1 \leqslant a_i \leqslant 10^5)$，表示第 i 个元素的值。

输出描述：一行，一个整数，表示最少操作次数。

4. 完美图

定义一个无向图为完美图，当且仅当对于其中每一条边 (v, u) 有 v 和 u 互质（即 u、v 的最大公约数为 1）。当两个顶点之间没有边时不需要考虑。顶点从 1 开始标号。现给出 n 个顶点和 m 条边，是否能建立一个无重边且连通的完美图？

输入描述：一行，两个数 n、m，表示顶点个数和边数（$1 \leqslant n, m \leqslant 10^5$）。

输出描述：如果不存在答案输出 -1。否则输出 m 行，每行输出 $v_i, u_i(1 \leqslant v_i, u_i \leqslant n$，$v_i \neq u_i$）。

5. 统计数字

统计某个给定范围 $[L, R]$ 的所有整数中，$1 \sim 9$ 分别出现了几次。

例如给定范围 $[1, 11]$，数字 1 在数 1 中出现了 1 次，在数 10 中出现 1 次，在数 11 中出现 2 次，所以数字 1 在该范围内一共出现了 6 次。

输入描述：输入共 1 行，两个正整数 L 和 $R(1 \leqslant L \leqslant R \leqslant 10000)$。

输出描述：一行，9 个数，中间用逗号隔开，第 i 个数表示数字 i 在范围内出现的次数。

6. 日期计算

小明给你一个日期，他想知道在该日期基础上经过 a 天后的日期。

输入描述：一行，4 个整数 y、m、d、a，分别表示给定日期的年、月、日和经过的天数。

输出描述：每组数据输出一行，一个结果，每行按 yyyy-mm-dd 的格式输出。

数据范围：

$1000 \leqslant y \leqslant 3000$。

$1 \leqslant m \leqslant 12$。

$1 \leqslant d \leqslant 31$。

$1 \leqslant a \leqslant 10^6$。

保证输入日期合法。

7. 01 串

现有一个由 0,01,011,0111,… 组成的无限长 01 串 0010110111…，试求第 n 位上的是 0 还是 1。

输入描述：一行一个整数 $n(1 \leqslant n \leqslant 10^9)$。

输出描述：一个数 0 或 1，表示第 i 位上的数为 0 还是 1。

8. 迷宫问题

先给定一个 $n \times n$ 大小的迷宫，迷宫中有 m 处障碍和一处宝藏点 (x_p, y_p)。现给定起点 (x_s, y_s) 和终点 (x_e, y_e)。

每个格子最多经过一次，有多少种从起点经过宝藏点到达终点的方案？

每次选上、下、左、右中一个方向走一格，保证起点没有障碍。

输入描述：

第一行，两个正整数 $n, m(1 \leqslant n \leqslant 5, 1 \leqslant m \leqslant n^2)$。

第二行，起点坐标 (x_s, y_s)，终点坐标 (x_e, y_e)，宝藏点 (x_p, y_p)。

接下来 m 行，每行为障碍坐标。

输出描述：一个正整数，表示答案。

9. ABC 成比例

先给定 10 个数字 0~9，从中取出 9 个数分成 3 组，分别组成 3 个 3 位数。让 3 个数的比例为 $A:B:C$，试求出所有满足的 3 个 3 位数，若无解输出 NO。

输入描述：一行，三个整数 A、B、$C(A<B<C)$。

输出描述：若干行，每行 3 个数字，按每行第一个数升序排列。

10. 最大乘积

给定一个数字，请找到一个乘积最大的连续子序列。

输入描述：

第一行一个数 $n(1 \leqslant n \leqslant 15)$，表示数组长度。

第二行 n 个数 $a_i(-10 \leqslant a_i \leqslant 10)$，表示各个元素。

第4章 分治法

分治法(Divide and Conquer)是非常重要的算法策略之一,经常用于解决各种计算问题。在许多情况下,它是一种简单却非常强大有效的解决问题的方法。分治法通常是通过将原问题分解为几个部分子问题,然后递归地解决每个部分中的子问题,最后将这些子问题的解决方案组合成一个整体解决方案作为原问题的解。

4.1 概述

对于可以采用分治策略解决的问题往往会具有一些相同的特征。一般来讲,如果一个问题具备以下3个特征,则可以考虑采用分治策略的方法解决。

(1) 原始问题通常能够被分解为更简单的同一问题。

(2) 一旦这些更简单的子问题中都得到了解,能够将这些解结合起来,以产生原始问题的解。

(3) 当一个大的问题被不断地分解成越来越小且越来越简单的子问题时,这些子问题不需要或者不能够再进一步分解即可直接解决。

从以上3个特征可以看出,分治法可以很简单地用数学归纳法证明其正确性。而其第二个特征表明,在用程序设计的方式解决问题时可以用递归算法来具体实现。实质上,分治法与递归算法如影随形,经常同时出现在很多问题的算法设计之中,从而提高解决问题的效率。值得注意的是,分治法的重点是在如何更有效地分解问题和合并解,并不一定要用递归算法来实现。

4.2 分治法设计思路

对于一个待解决的问题 P,使用分治法求解的步骤如下。

(1) 将问题 P 划分为 k 个较小的子问题 $P_1, P_2, P_3, \cdots, P_k$。

(2) 反复获得每个较小的子问题的解决方案。

(3) 将子问题 $P_1, P_2, P_3, \cdots, P_k$ 解决方案有效组合在一起作为问题 P 的解决方案。

其中,k 值的设置显然是很关键的,常见的一些简单实例中 k 往往取值为2,

即原问题逐级分解为两个更小的子问题。步骤中的第(2)步往往也采用递归来实现。

如此,根据以上3个步骤可以大致得出分治法的模板,如下所示。

```
elemtype SolutionFunction(P)
{
    if instance is easy
        solve problem directly;
    else
    {
        Break this into new instancesP₁,P₂,P₃,…,Pₖ;
        SolutionFunction(P₁);
        SolutionFunction(P₂);
        SolutionFunction(P₃);

        SolutionFunction(Pₖ)
        Reassemble the solutions of P₁,P₂,P₃,…,Pₖ;
    }
    return;
}
```

应用分治策略解决问题时,往往可以在时间复杂度上得到有效的改进。例如可以将使用蛮力法求解问题时的时间复杂度的阶数降低,如从 $O(n^2)$ 降至 $O(n\log_2 n)$ 等。

下面看一个简单的例子,大数乘法:求两个 n 位的大整数 A、B 的乘积(如图4.1)。

分治法求解大数乘法问题

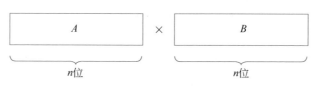

图 4.1 大数乘法

在此问题中,当 n 很小时可以直接计算,当 n 过大,超出了程序语言数据类型表示范围时,就要考虑设计算法来解决此问题。显然,如果采用蛮力法来设计算法,将这两个 n 位的二进制数直接按位进行乘法,然后再做相应的加法即可得到结果,不难得出蛮力法的时间复杂度为 $O(n^2)$。

下面采用分治法来解决这一问题。为了描述简单,不妨假设 $n=2^k$。这样可以将大整数 A、B 分别一分为二,得到均为 $n/2$ 位的整数 A_1、A_2、B_1、B_2,如图4.2所示。

图 4.2 分治法解大数乘法

由此,A、B 两个整数乘法可由式(4-1)来描述:

$$AB = (A_1 10^{\frac{n}{2}} + A_2)(B_1 10^{\frac{n}{2}} + B_2)$$
$$= A_1 B_1 10^n + (A_1 B_2 + A_2 B_1) 10^{\frac{n}{2}} + A_2 B_2 \tag{4-1}$$

通过转换将 n 位整数的乘法转换成了 $n/2$ 位整数的乘法,继续划分可将 $n/2$ 位的整数再分解成 $n/4$ 位的整数乘法,以此类推,可将位数降到可直接计算的范围内。在计算时,每次划分需要进行 4 次 $n/2$ 位整数的乘法、3 次 n 位整数的加法和 2 次移位,故存在如式(4-2)所示的递推关系。

$$T(n) = 4T(n/2) + O(n) \tag{4-2}$$

因此,式(4-1)所示方法的计算复杂度是 $O(n^2)$。显然,用上述分治策略的效率并不比原来用蛮力法解决时的效率高,并且感觉将数进行不断地分解使得问题更加复杂。其实不然,通过对上面的分解公式进一步的整理可得:

$$AB = (A_1 10^{\frac{n}{2}} + A_2)(B_1 10^{\frac{n}{2}} + B_2)$$
$$= A_1 B_1 10^n + (A_1 B_2 + A_2 B_1) 10^{\frac{n}{2}} + A_2 B_2$$
$$= A_1 B_1 10^n + ((A_1 - A_2)(B_2 - B_1) + A_1 B_1 + A_2 B_2) 10^{\frac{n}{2}} + A_2 B_2 \tag{4-3}$$

观察式(4-3)可知,$n/2$ 位整数的乘法次数由原来的 4 次变为了 3 次($A_1 B_1$、$A_2 B_2$、$(A_1 - A_2)(B_2 - B_1)$)。虽然加法的次数变成了 6 次,但不会影响时间复杂度公式的最高阶项。由此可得时间复杂度计算的递推关系式:

$$T(n) = 3T(n/2) + O(n) \tag{4-4}$$

通过递推计算我们就可以得到公式改进后分治法算法的时间复杂度为

$$O(n^{\log_2 3}) \approx O(n^{1.59}) \tag{4-5}$$

显然,算法的复杂度得到了提升,在大批量数据计算中会有明显的优势。

下面给出大数乘法的算法伪代码。

```
Elemtype multiplication(A,B,n)
{
    if n==1 return(A×B)
    else
    {
        A1←获取 A 的左边 n/2 位;
        A2←获取 A 的右边 n/2 位;
        B1←获取 B 的左边 n/2 位;
        B2←获取 B 的右边 n/2 位;
        mult1=multiplication (A1,B1,n/2);
        mult2=multiplication (A1-A2,B2-B1,n/2);
        mult3=multiplication (A2,B2,n/2);
        S←mult1×10^n+ (mult2+ mult1+ mult3)×10^(n/2)+ mult3;
        return S;
    }
}
```

值得注意的是,上面仅仅给的是伪代码,考虑到按 C/C++ 语言中的整数数据类型并不能实际表示大整数,所以建议具体编程实现时考虑用字符串或者链表来实现。

4.3 分治法应用与过程分析

4.3.1 最大子段和

例 4.1 最大子段和。

给出一个长度为 n 的整数序列 a,选出其中连续且非空的一段使得这段和最大。

解题思路:首先不难想到本题可以使用蛮力法。枚举所有子段,分别求出它们的和,其中的最大值就为本题答案。但枚举子段需要枚举子段的左右端点,加上各子段都需要遍历子段元素来求和,复杂度升到了 $O(n^3)$。即使用前缀和降低遍历子段求和的复杂度,枚举左右端点也达到了 $O(n^2)$,显然蛮力法不适合本题。

因为问题可以视为求区间的最大值,考虑将大区间问题分成小区间问题来求解。不难分析出大区间最大和应该是其小区间最大和的最大值,因此可以用分治法。

这里运用分治法分为两种情况。

第一种情况,该子段为单一元素时,该元素为该子段最大和。

第二种情况,该子段不为单一元素时,以子段中点 mid 为分界点将其分为左、右两个小子段,分别求小子段的最大值和更新大子段的和。

另外,构成最大子段可能跨越左右两个小子段,因此还要从 mid 向左右边界延伸求出横跨两个子段的最大子段和。

例如,$n=7, a=\{2,-4,3,-1,2,-4,3\}$,用分治法求解过程如图 4.3~图 4.5 所示。

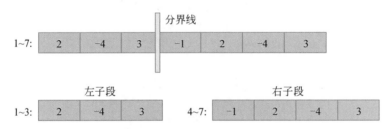

图 4.3 分治法解最大子段和 Step1

图 4.4 分治法解最大子段和 Step2

图 4.5 分治法解最大子段和 Step3

Step1：以中点为分界点，分成左右两个子段。
Step2：求出左右子段的最大和。
注意：以下省略左右子段继续分治的步骤。
Step3：求出横跨子段的最大和。
颜色加深区域为最大和的横跨子段，最大和：4。
Step4：取最大值即为子段最大和。
对 3 个最大和求最大值，因此最大子段和为 4。
参考代码如下。

```cpp
int solve(int left, int right)              //left、right 分别为该子段的左、右边界
{
    //如果子段为单个元素
    if(left == right)
        return v[left];
    //如果子段不为单个元素
    int mid = (left +right) / 2;            //以子段中点作为 mid
    int rnt = max(solve(left, mid), solve(mid +1, right));
    //将左、右两个小子段最大和作为大子段的临时的最大和
    int lsum = -2e9 +7, rsum = -2e9 +7;     //分别表示向左、右延伸的最大和
    int sum = 0;                            //连续和
    for(int i = mid; i >= left; i--)        //mid 向左边界延伸
    {
        sum += v[i];
        if(sum > lsum)                      //如果连续和大于最大和，则更新最大和
            lsum = sum;
    }
    sum = 0;
    for(int i = mid +1; i <= right; i++)    //mid 向右边界延伸
    {
        sum += v[i];
        if(sum > rsum)                      //如果连续和大于最大和，则更新最大和
            rsum = sum;
    }
    rnt = max(rnt, lsum +rsum);             //用横跨的最大和更新大子段的最大和
    return rnt;
}
```

4.3.2 归并排序

例 4.2 归并排序。

排序算法有冒泡排序、选择排序、插入排序等多种算法，但这些排序算法的复杂度都为 $O(n^2)$，求解规模较大的问题时效率低下。

对一个输入为 n 的数组进行逐次二分,可以得到给单个元素排序的子问题,如图 4.6 所示。

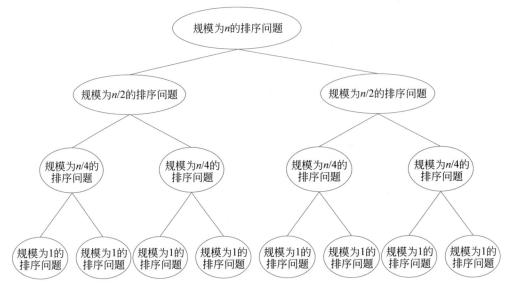

图 4.6 将输入为 n 的问题划分为输入为 1 的子问题

图 4.6 所示为结点数为 n 的树,其深度为 $\lceil \log_2 n \rceil$。由于叶子结点为一个元素,所以不用排序即保持有序。从叶子结点层开始,对每一层结点中的元素进行有序表的归并(两两合并),需要在每层上扫描整个数组,执行 n 次比较、插入等操作。因此,这种排序算法的时间复杂度为 $O(n \log_2 n)$,这种排序思想为归并排序。

运用归并排序即分治法进行数组排序时需要对两个有序表进行排序,其过程如下:若序列 A 有序,序列 B 有序,要得到由序列 A 和序列 B 组成有序的序列 C。不难想到,这是一个双指针问题,指针 lpos、rpos 分别指向序列 A、B 的待合并位置,比较 lpos、rpos 元素大小。

若 lpos 的元素小于 rpos 元素,序列 C 末尾插入 lpos 元素,再将 lpos 右移一位。

反之,序列 C 末尾插入 rpos 元素,再将 rpos 右移一位。

例如,$n=7$,$a=\{4,2,4,5,2,4,1\}$,用分治法求解过程如图 4.7～图 4.9 所示。

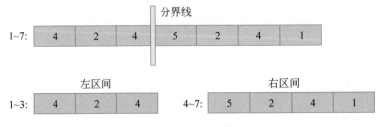

图 4.7 分治法解归并排序 Step1

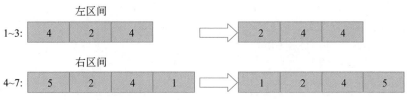

图 4.8　分治法解归并排序 Step2

Step3：双指针，合并有序子区间。

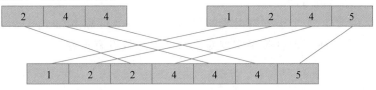

图 4.9　分治法解归并排序 Step3

Step1：以中点为分界点，分成左右两个子区间。
Step2：让左、右子区间有序（参考代码）。
注意：以下省略左右子区间继续分治的步骤。
Step3：双指针，合并有序子区间。
参考代码如下。

```
void MergeSort(int left, int right)
{
    if(left == right)
        return;
    int mid = (left + right) / 2;            //mid 为分界点
    MergeSort(left, mid);                    //左区间排序
    MergeSort(mid + 1, right);               //右区间排序
    int * tmp = new int[right - left + 1];   //申请一个临时变量保存更新后的序列
    int lpos = left, rpos = mid + 1, tol = 0;
    //lpos、rpos 分别为左，右区间遍历的位置指针、tol 为 tmp 的位置指针
    while(lpos <= mid && rpos <= right)      //左区间和右区间还有元素
    {
        if(v[lpos] < v[rpos])
            tmp[tol++] = v[lpos++];
        else
            tmp[tol++] = v[rpos++];
    }
    while(lpos <= mid)                       //左区间还有元素
        tmp[tol++] = v[lpos++];
    while(rpos <= right)                     //右区间还有元素
```

```
            tmp[tol++] = v[rpos++];
        for(int i = 0; i <tol; i++)           //区间更新
            v[left +i] = tmp[i];
        delete[] tmp;
    }
```

4.3.3 棋盘覆盖问题

分治法求解棋盘覆盖问题

例 4.3 棋盘覆盖问题。

在一个由 $2^n \times 2^n$ 个小方格组成的棋盘上,有一个特殊点 (x,y) 已经被覆盖,利用如图 4.10 所示的 4 种 L 形骨牌来实现对棋盘全覆盖且没有重叠。

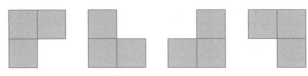

图 4.10 4 种 L 形骨牌

输出一个可行方案,将特殊点方格填入 0,第一块骨牌所覆盖的 3 个方格填入 1,第二块骨牌填入 2,以此类推。全部填入后,输出棋盘上所有方格的数字。

解题思路:观察 $n=1$ 的情况,即长度为 2,只需要对剩下 3 个方格填入 1,便得到可行方案。再观察 $n=2$ 的情况,即长度为 4,可以看成 4 个长度为 2 的小棋盘,但只有一个小棋盘有特殊点,那么不妨在 4 个棋盘交汇处放入一个骨牌,让其余 3 个棋盘也有一个覆盖点,就可以看成 4 个独立的棋盘,每个棋盘都含有一个特殊点,便将 $n=2$ 的情况转换成了 4 个 $n=1$ 的情况。同理当 $n=3$ 的情况,即长度为 8,可以看成是 4 个长度为 4 的小棋盘,但只有一个有特殊点。同样在交汇处放入骨牌,变成 4 个独立的棋盘,每个棋盘都含有一个特殊点。这便将 $n=3$ 的情况转换成了 4 个 $n=2$ 的情况。

很明显这里运用到了分治法,将大棋盘问题分成独立的小棋盘问题。

例如,$n=2$,$(2,1)$,用分治法求解过程如图 4.11~图 4.12 所示。

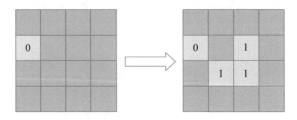

图 4.11 分治法解棋盘覆盖问题 Step1

Step1:将交汇处放入骨牌,保证每个小棋盘都有一个点。
Step2:对 4 个小棋盘,分别再按照 Step1 进行求解。

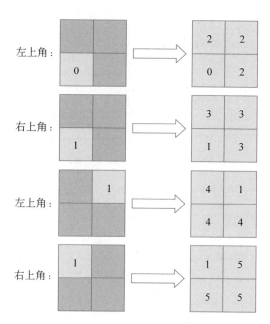

图 4.12 分治法解棋盘覆盖问题 Step2

参考代码如下。

```
void solve(int x, int y, int rx, int ry, int len)
//x、y 表示棋盘左上角,rx、ry 表示特殊点位置,len 表示棋盘长度
{
    if(len == 1)
        return;
    ++tol;                              //本次编号
    len /= 2;
    int num = tol;
    //左上角
    if(x +len > rx && y +len > ry)      //左上角是否有特殊点
        solve(x, y, rx, ry, len);       //若有,则不需要放骨牌
    else
    {
        v[x +len -1][y +len -1] = num;
        //否则交汇处放骨牌,左上角交汇处为左上角棋盘的右下角
        solve(x, y, x +len -1, y +len -1, len);
    }
    //右上角同上
    if(x +len > rx && y +len <= ry)
        solve(x, y +len, rx, ry, len);
    else
    {
```

```
            v[x +len -1][y +len] = num;
            solve(x, y +len, x +len -1, y +len, len);
        }
        //左下角同上
        if(x +len <= rx && y +len > ry)
            solve(x +len, y, rx, ry, len);
        else
        {
            v[x +len][y +len -1] = num;
            solve(x +len, y, x +len, y +len -1, len);
        }

        //右下角同上
        if(x +len <= rx && y +len <= ry)
            solve(x +len, y +len, rx, ry, len);
        else
        {
            v[x +len][y +len] = num;
            solve(x +len, y +len, x +len, y +len, len);
        }
    }
}
```

4.3.4 最近点对问题

例 4.4 最近点对问题。

给定平面上 n 个点 (x,y)，找出其中的一对点的距离，使得该点对的距离为所有点对中最小。

解题思路：首先本题很明显也可以用蛮力法，枚举所有点对后，再计算所有距离取最小值，复杂度过高不可行。再分析本题能不能转换成区间最值问题。很明显如果算单独两个小区间可以直接取最小值更新大区间最小值 d，但横跨两个小区间的点对过多会导致复杂度过大。为此，我们选择横跨两个小区间的点对，这些点对满足 x 坐标差值和 y 坐标差值都小于 d，通过这种方法可以让符合的点对数量大大减少。

为选择 x 坐标差值小于 d 的点对，可以按 x 坐标排序，让左右区间的分界线垂直于 x 轴。将左右区间内点到分界线的距离小于 d 的放入临时数组，再对临时数组按 y 坐标排序。然后直接枚举其中符合情况点对即可。

例 $n=7$ 时，7 个点分别为 $(0,1),(1,-1),(1,4),(2,0),(4,2),(4,-1),(7,0)$。用分治法求解过程如图 4.13~图 4.16 所示。

Step1：按 x 点排序后，以中间点为分界点分成左右两个区间。
Step2：分别计算左右区间的最小值作为 d。
Step3：记录下与中间点 x 坐标差值小于 d 的点。
Step4：枚举 y 坐标差值小于 d 的点对，取最小值。

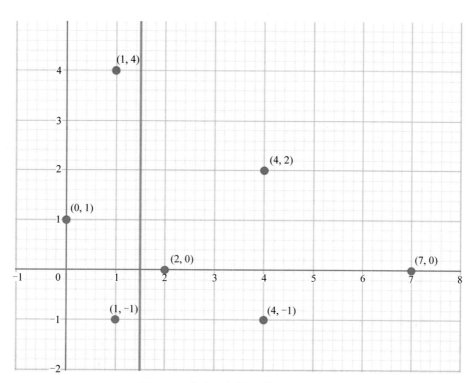

图 4.13 分治法解最近点对问题 Step1

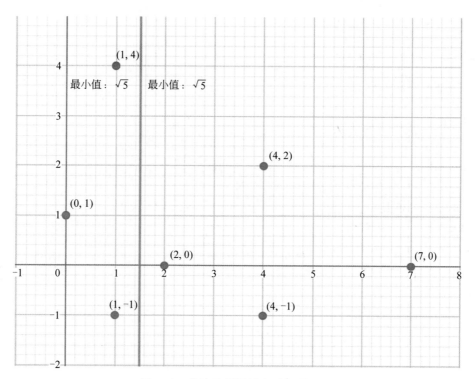

图 4.14 分治法解最近点对问题 Step2

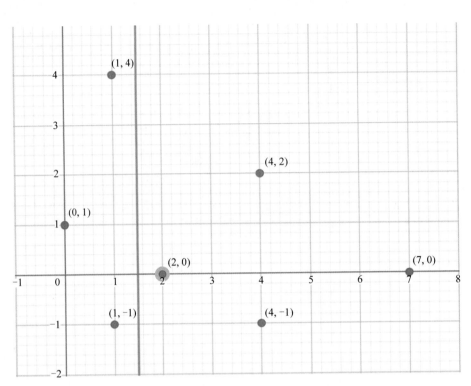

图 4.15 分治法解最近点对问题 Step3

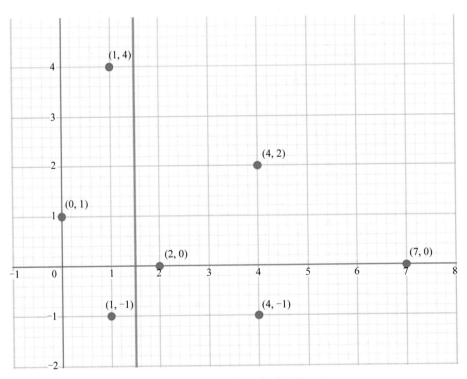

图 4.16 分治法解最近点对问题 Step4

最终求得问题的最小点对距离为 $\sqrt{2}$。

参考代码如下。

```
struct Point
{
    double x, y;
} p[MAX], tmp[MAX];
bool cmp1(const Point &a, const Point &b)
{
    if(a.x != b.x)
        return a.x < b.x;
    else
        return a.y < b.y;
}
bool cmp2(const Point &a, const Point &b)
{
    if(a.y != b.y)
        return a.y < b.y;
    else
        return a.x < b.x;
}
double dis(const Point &a, const Point &b)
{
    double len1 = (a.x - b.x);
    double len2 = (a.y - b.y);
    return sqrt(len1 * len1 + len2 * len2);
}
double solve(int left, int right)
{
    if(left == right)                        //单个点不能构成点对,返回无穷大
        return 2e9;
    if(left + 1 == right)                    //如果只有两个点,返回这两个点的距离
        return dis(p[left], p[right]);
    int mid = (left + right) / 2;            //mid 为分界点
    double d = min(solve(left, mid), solve(mid + 1, right));//两个子区间的最小值
    int tol = 0;                             //临时数组长度
    for(int i = left; i <= right; i++)       //取出 x 坐标差值小于 d 的点
    {
        if(fabs(p[mid].x - p[i].x) < d)
            tmp[++tol] = p[i];
    }
    sort(tmp + 1, tmp + tol + 1, cmp2);
    for(int i = 1; i <= tol; i++)
```

```
        {
            for(int j = i +1; j <= tol && tmp[j].y -tmp[i].y <d; j++)
                d = min(d, dis(tmp[i], tmp[j]));
        }
    return d;
}
int main()
{
    int n;
    scanf("%d", &n);
    for(int i = 0; i <n; i++)
        scanf("%lf%lf", &p[i].x, &p[i].y);
    sort(p +1, p +n +1, cmp1);
    printf("%.4lf\n", solve(1, n));
    return 0;
}
```

4.4 能力拓展

4.4.1 第 k 位数

例 4.5 给定一个数组 A,一开始 A 为空。但 A 会不断执行操作。

第 i 次操作后,$A_i = A_{i-1} + 1 + (i \times 0) + A_{i-1}$。

其中,A_i 表示第 i 次操作执行后的数组 A,+ 表示末尾插入,$(i \times 0)$ 表示 i 个零,即:

A_0 为空,

$A_1 = 10$,

$A_2 = A_1 + 100 + A_1 = 1010010$,

$A_3 = A_2 + 1000 + A_2 = 1010010010001010010$,

……

给定一个正整数 k,求出 A 数组第 k 位上的数,其中 $1 \leqslant k \leqslant 10^9$。

解题思路:因为 A_i 由 A_{i-1} 构成,符合分治思想,只需要将 A_i 分成 A_{i-1},一直往下分治。但在分治 A_i 时,需要用到 A_{i-1} 的长度,并以长度和目前位置的关系作为划分区间的条件。因此,我们需要知道第一个达到长度 k 为 A_p 数组的长度,并以此作为分治起点。同时,根据 A_1 到 A_p 数组的长度作为向下分治时划分区间的条件。这里可以在求 A_p 的过程中,一起将 A_1 到 A_p 的长度保存到 cnt 数组中。

在分治过程中,将 A_i 分成 3 份,左部分和右部分可以看成 A_{i-1} 的子问题,继续向下分治;若在中间就直接判断是否为首位并输出结果。

例如,$k = 13$ 时,问题的求解过程如下所示。

Step1:求出达到 k 位需要的操作数 p。

$$\text{cnt}[1]=2<13$$
$$\text{cnt}[2]=7<13$$
$$\text{cnt}[3]=18>13$$

求得 $p=3$,因此以 A_3 为分治起点。

Step2:由 A_3 问题到 A_2 的问题(见图 4.17,加深区域为 k 所在部分),$k=13-11=2$。

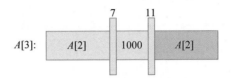

图 4.17 分治法解第 k 位数 Step2

Step3:由 A_2 问题到 A_1 的问题,$k=2$(见图 4.18)。

Step4:根据 k 在 A_1 位置得到答案,$k=2$,结果为 0,即第 13 位数字为 0(见图 4.19)。

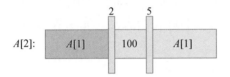

图 4.18 分治法解第 k 位数 Step3

图 4.19 分治法解第 k 位数 Step4

参考代码如下。

```
void init()
{
    while(cnt[K] <N)
    {
        ++K;
        cnt[K] = cnt[K-1] * 2 +1 +K;         //1个1 K个0
    }
}
int dfs(int n, int k)
{
    if(k == 1)
    {
        if(n == 1)
            return 1;
        else
            return 0;
    }
    if(n <= cnt[k -1])                        //n在左半部分的数组
        return dfs(n, k -1);
    else if(n > cnt[k] -cnt[k -1])            //n在右半部分的数组
```

```
            return dfs(n -(cnt[k] -cnt[k -1]), k -1);
        else if(n == cnt[k -1] +1)              //n 在中间首位
            return 1;
        else                                    //n 在中间其他位
            return 0;
}
int solve()
{
    init();
    return dfs(N, K);
}
```

4.4.2 二进制的完全表示

例 4.6 任何一个正整数都可以用 2 的幂次方表示。将幂次用括号来表示,即 a^b 可表示为 $a(b)$。给定一个正整数 n,求出它二进制的完全表示。完全表示为只由 2、0、() 表示。

例如,73 可表示为 2(6)+2(3)+2(0)。

进一步表示:$6=2^2+2, 3=2+2^0$。

因此,73 的完全表示为 2(2(2)+2)+2(2+2(0))+2(0)。

其中,$1 \leqslant n \leqslant 2 \times 10^4$。

解题思路:使用分治法求解该问题时,首先思考简化后的问题,对一个数的二进制表示,但不考虑指数二进制表示,这样就需要将数转换成二进制就行。当考虑指数的二进制表示时,只需要将指数看成子问题执行然后再将这些指数子问题合并即可。需要注意本题中 2^1 直接用 2 表示,需要特判。

例如,$n=137$ 时,求解过程如下所示。

Step1:将数字二进制分解(见图 4.20)。

| 137: | 2^7 | 2^3 | 2^0 |

图 4.20 二进制数完全表示 Step1

Step2:求出所有指数的二进制表示。

$$2^7: 2(2)+2+2(0)$$
$$2^3: 2+2(0)$$
$$0: 0$$

Step3:将所有指数的二进制表示合并。

$$2(7)+2(3)+2(0)$$

即为 2(2(2)+2+2(0))+2(2+2(0))+2(0)。

参考代码如下。

```
string solve(int n)
{
    if(n == 0)                    //特判为 0 和 1 的情况
        return "0";
```

```cpp
    if(n == 1)
        return "2(0)";
    string rnt;
    for(int i = 30; i >= 0; i--)            //二进制分解过程
    {
        if((n >> i) & 1)
        {
            if(!rnt.empty())                //不为首部要加"+"号
                rnt += "+";
            if(i == 1)                      //如果为2^1,直接加 2
                rnt += "2";
            else
                rnt += "2(" +solve(i) +")";
        }
    }
    return rnt;
}
```

4.4.3 最小违和度

例 4.7 现在有两列整数 $(a_1,a_2,\cdots,a_n)$ 和 $(b_1,b_2,\cdots,b_n)$，将它们的违和度定义为 $\sum(a_i-b_i)^2$。如果每列数据相邻的两个整数可以交换位置，为了得到最小的违和度，最少需要几次交换。

解题思路：将题中违和度的定义式展开 $\sum(a_i-b_i)^2 = \sum(a_i^2+b_i^2-2a_ib_i)$，可以发现无论怎么交换顺序,只有 $2a_ib_i$ 的和会改变,因此要违和度最小即要 $2a_ib_i$ 的和最大。简单推理一下：若 $a_1<a_2$ 且 $b_1<b_2$，求 $a_1b_1+a_2b_2$ 与 $a_1b_2+a_2b_1$ 的大小关系。不妨假设 $a_1b_1+a_2b_2<a_1b_2+a_2b_1$，即 $a_1(b_1-b_2)<a_2(b_1-b_2)$，推得 $a_1>a_2$，与前提不符,因此可以得到 $a_1b_1+a_2b_2>a_1b_2+a_2b_1$。所以,不难证明,当序列 a_i 和序列 b_i 都按升序或都按降序(不妨假设为降序)排列时 $2a_ib_i$ 的和最大,即序列 a 中第 k 大的数所在的位置和序列 b 中第 k 大的数所在位置的相同时 $2a_ib_i$ 的和最大,此时题中所定义的违和度也就最小。不难推论,只需要将序列 a 中第 k 大的数所在的位置交换到与序列 b_i 中第 k 大的数所在位置的相同位置即可。为方便进一步讨论,设置一个结构体如下。

```cpp
struct node
{
    int h, pos;
} a[MAX], b[MAX];
```

其中,成员 h 表示序列中某整数的值,成员 pos 表示该整数对应在原序列中的位置。此时用 pos 记录下所有数据在原序列中的位置,然后分别对两个序列按数值的大小排序,排序后 $a[k].h$ 与 $b[k].h$ 分别表示两个序列中第 k 大的数。根据题意,需要求得的是最少的交换次数,而上面对两个序列的排序所用的交换次数往往不会是题中要求的最少交换次数。所以,排序的目的仅仅是想得到两个序列中第 k 大的数在原序列中的位置是否相同,也就是 $a[k]$.pos 是否和 $b[k]$.pos 相同。对于所有的 $a[k]$ 和对应的 $b[k]$,如果它们的 pos 值不同,则只需要求得在 a 序列中将位置为 $a[k]$.pos 的数交换到 $b[k]$.pos 所指示的位置的交换次数之和,即为题中要求的最少交换次数。此时,可以设置一个数组 v,数组赋值为 $v[a_k.\text{pos}]=b_k.\text{pos}$,用来表示序列 a 中 a_k.pos 位置上的数值移动的目的位置为 b_k.pos。最后只要让数组 v 满足所有的 $v[i]=i$,并记录数组 v 中元素的移动次数即为题目的解。

由上述分析,本题问题转换成如下问题:给一个 1 开始的自然数的排列(即原问题序列中每个数的位置),每次操作可以交换相邻位置的数值,求将它变成从小到大排序最少的交换次数。不难看出,冒泡排序的交换次数即为最优解,但冒泡排序复杂度过高。分析冒泡排序过程,发现每个数移动到对应位置所需要的交换次数为位置大于它但数值小于它的数的个数,每个数交换次数和就是最优解。而此时可以看出,这就是逆序对问题。一般将位置大小关系与数值大小关系不同的数对称为逆序对,逆序对的个数等于在稳定排序情况下,相邻数交换的次数,这正好是本问题的解。

求逆序对常见方法有树状数组和归并算法,这里运用归并算法。每次合并操作中,考察左右数组排序后,在合并过程中当 $v[\text{lpos}]>v[\text{rpos}]$ 时,比位置为 lpos 大的数肯定也大于 $v[\text{rpos}]$,因此对问题解的贡献(即交换次数)为 $\text{mid}-\text{lpos}+1$。

简单案例如图 4.21 和图 4.22 所示。

图 4.21　最小违和度问题归并算法初始状态

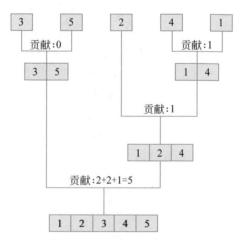

图 4.22　最小违和度问题归并算法过程

注意:图示顺序为从小区间合并成大区间。

参考代码(部分)如下。

```cpp
int n;
struct node
{
    int h, pos;
} a[MAX], b[MAX];
int v[MAX], ans;
bool cmp(nodex, node y)
{
    returnx.h < y.h;
}
void MergeSort(int left, int right)
{
    if(left == right)
        return;
    int mid = (left +right) / 2;
    MergeSort(left, mid);
    MergeSort(mid +1, right);
    int * tmp = new int[right -left +1];
    int lpos = left, rpos = mid +1, tol = 0;

    while(lpos <= mid && rpos <= right)
    {
        if(v[lpos] <= v[rpos])
            tmp[tol++] = v[lpos++];
        else
        {
            tmp[tol++] = v[rpos++];
            ans = (ans +mid -lpos +1);
        }
    }
    while(lpos <= mid)
        tmp[tol++] = v[lpos++];
    while(rpos <= right)
        tmp[tol++] = v[rpos++];
    for(int i = 0; i <tol; i++)
        v[left +i] = tmp[i];
    delete[] tmp;
}
int solve()
{
    sort(a +1, a +n +1, cmp);
    sort(b +1, b +n +1, cmp);
    for(int i = 1; i <= n; i++)
```

```
            v[a[i].pos] = b[i].pos;
    MergeSort(1, n);
    return ans;
}
```

测试数据如下:

输入:
5
3 5 2 4 1
1 2 3 4 5
输出:
7

习 题

1. 子段和之差的最大值

问题描述:给出一个长度为 n 的整数序列 a,选出其中连续且非空的两段使得两段之差最大。其中,$1 \leqslant n \leqslant 2 \times 10^5$,$|a_i| \leqslant 10^4$。

2. 排列树

问题描述:给定一个大小为 n 的序列 a,其为 $1 \sim n$ 的排序。现要将其变成一棵二叉树。

要求:

(1) 最小值作为父结点。

(2) 最小值左侧的排序形成新的子二叉树,作为左子树。

(3) 最小值右侧的排序形成新的子二叉树,作为右子树。

输出序列中每个数最后在二叉树上的深度(根结点的深度为1)。其中,$1 \leqslant n \leqslant 10^3$。

3. 合法数组

问题描述:给定一个正整数 N,求数组 A 是 1 到 N 的一个排列,要求对于所有 $i < j$,都不存在 k 满足 $i < k < j$ 使得 $2 \times A_k = A_i + A_j$,称这样的数组为合法数组。

4. 众数问题

问题描述:给定一个大小为 n 的数组 A,找出出现次数超过 $\lfloor n/2 \rfloor$ 的元素(保证必定存在这个元素)。

5. 最短距离

问题描述:给定一个长度为 n 的序列 a、b,定义距离函数:

$$f(i,j) = (i-j)^2 + \Big(\sum_{k=\min(i,j)+1}^{\max(i,j)} a[k] \times b[k]\Big)^2$$

其中 $i,j \in (1,n)$，且 $i \neq j$，求出最小的距离（$1 \leq n \leq 10^5, |a_i|, |b_i| \leq 10^2$）。

6. 逆序对

问题描述：给定一个长度为 n 的序列 a，求出有多少对 (i,j) 满足 $i < j$ 且 $a_i > 3 \times a_j$。其中，$1 \leq n \leq 5 \times 10^4, |a_i| \leq 10^9$。

7. 重复数字问题

问题描述：给定一个长度为 $n+1$ 的序列 a，求出任意一个重复的数。其中 $1 \leq n \leq 10^5, 1 \leq a_i \leq n$。要求额外的空间复杂度为 $O(1)$。

8. 约数和

问题描述：现有两个非负整数 x 和 y，f 是 x^y 的所有约数和。请输出 f 对 1e9+7 取模的结果。其中 $0 \leq x, y \leq 5 \times 10^7$。

9. 时间分治问题（CDQ）

问题描述：给定一个 $N \times N$ 的矩阵，所有矩阵元素的初始值为 S。现对矩阵进行 M 次操作，每次操作可以是：操作1，将下标位置为 (x,y) 的元素值增加 v；或者操作2，求得并输出下标位置从 (x_1,y_1) 到 (x_2,y_2) 之间的子矩阵中所有元素值之和。其中，$1 \leq N \leq 2 \times 10^5, 1 \leq M \leq 10^5, 1 \leq v \leq 10^4, 1 \leq x, y \leq N$。

例如，有以下输入：

```
4 4
1 2 3 3
2 1 1 3 3
1 2 2 2
2 2 2 3 4
3
```

其中：
第一行输入表示所有矩阵元素的初始值为 0，矩阵大小为 4×4。
第二行输入表示操作1，将下标为 $(2,3)$ 的元素值加 3。
第三行输入表示操作2，求下标从 $(1,1)$ 到 $(3,3)$ 的子矩阵的所有元素之和（并输出）。
第四行输入表示操作1，将下标为 $(2,2)$ 的元素值加 2。
第五行输入表示操作2，求下标从 $(2,2)$ 到 $(3,4)$ 的子矩阵的所有元素之和（并输出）。
第六行输入 3，表示输入完毕。
输出结果为

3
5

10. 权值 K

问题描述：给定一棵 N 个结点的树，结点编号从 1 开始，每条边都有权值。求一个简单路径，路径上各边权值和等于 K，且路径包含的边数量最少。$N-1$ 条无向边，每条边有个权值 W。其中，$1 \leqslant N \leqslant 2 \times 10^6, 1 \leqslant a \leqslant 10^6$。

第 5 章 回 溯 法

5.1 概 述

在现实世界中,很多问题没有(至少目前没有)有效的算法,这些问题的求解只能通过蛮力穷举搜索来实现。但蛮力法需要生成并评估所有的解,执行效率低下。

回溯法(Back Tracking Method)是一种深度优先搜索算法,该方法试图穷举所有可能的解,因此,回溯法能够确保获得最优解。在搜索过程中根据问题约束等规则对搜索树进行剪枝操作,跳过部分搜索区域,提高算法性能。回溯法按选优条件向前搜索,以达到目标。但当探索到某一步时,发现原先选择并不优或达不到目标,就退回一步重新选择,这种走不通就退回再选择另外一个方向试探的技术即为回溯法,满足回溯条件的某个状态的点称为"回溯点"。回溯法把问题的解空间转化成了图或者树的结构表示,然后使用深度优先搜索策略进行遍历,遍历的过程中记录和寻找所有可行解或者最优解。

5.2 回溯法设计思路

复杂问题常常有很多可能解,这些可能解构成问题的解空间,也就是在穷举法中提到的所有可能解的搜索空间。一般而言,解空间中应该包括所有的可能解。

回溯法按深度优先策略搜索问题的解空间树。首先从根结点出发搜索解空间树,当算法搜索至解空间树的某一结点时,先利用剪枝函数判断该结点是否可行(即能得到问题的解)。如果不可行,则跳过对该结点为根的子树的搜索,逐层向其祖先结点回溯;否则,进入该子树,继续按深度优先策略搜索。

5.3 回溯法示例与过程分析

5.3.1 n 皇后问题

例 5.1 在 $n \times n$ 格的国际象棋棋盘上摆放 n 个皇后(见图 5.1,此时 $n=8$),

使其不能互相攻击，即任意两个皇后都不能处于同一行、同一列或同一斜线上，有多少种摆法？

　　n 皇后是由八皇后问题演变而来的。该问题由国际象棋棋手马克斯·贝瑟尔于 1848 年提出：在 8×8 格的国际象棋棋盘上摆放 8 个皇后，使其不能互相攻击，即任意两个皇后都不能处于同一行、同一列或同一斜线上，求有多少种摆法。高斯认为有 76 种方案。1854 年在柏林的象棋杂志上不同的作者发表了 40 种不同的解，后来有人用图论的方法解出 92 种结果。

图 5.1　八皇后问题示意图

　　下面用数组模拟棋盘，从第一行开始，依次选择位置，如果当前位置满足条件，则向下选位置，如果不满足条件，那么当前位置后移一位。以四皇后为例，从第一行开始，依次选择位置，如果当前位置满足条件，则向下选位置，如果不满足条件，那么返回上一步。

　　如图 5.2(a)所示，第一个皇后放置于第一行第一列(1-1)，则第二个皇后可放置于(2-3)，此时第三个皇后所有位置均不可放置，返回上一步。

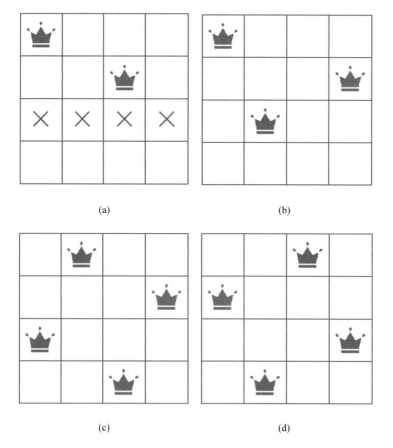

图 5.2　四皇后问题回溯模拟图

如图 5.2(b)所示,第二个皇后放置于(2-4),则第三个皇后可放置于(3-2),此时第四个皇后所有位置均不可放置,返回上一步。

如图 5.2(c)所示,第一个皇后放置于(1-2),则第二、三、四个皇后可顺利放置于(2-4)、(3-1)、(4-3)中,得到一个可行解。

同理,如图 5.2(d)所示,第一个皇后放置于(1-3),则第二、三、四个皇后可顺利放置于(2-1)、(3-4)、(4-2)中,得到第二个可行解。

值得注意的是,问题的求解并不需要用 $n×n$ 的数组来表示结果,而只需要一个 n 长度的数组来表示每一行的皇后位置即可,即 $arr[i]=k$,表示第 i 行的皇后位置为 k。此时使用一个 $arr[n]$ 的数组就可以表示一个解,通过回溯可以使我们得到所有可行解。

n 皇后问题的回溯法算法如下所示。

```
//输入:n,表示皇后个数
//输出:n 皇后问题的所有可行解
1. 初始化解向量 arr[i]={-1}
2. i=1
3. while(i>=1)
3.1 把皇后 i 摆放在下一列,即 arr[i]++
3.2 从 arr[i]位置开始依次考察每一列,如果皇后 i 摆放在 arr[i]位置不发生冲突,则转 3.3
    步骤;否则 arr[i]++试探下一列
3.3 若 n 个皇后已全部摆放,则输出一个解,算法结束
3.4 若尚有皇后未摆放,则转步骤 3 摆放下一个皇后
3.5 若 arr[i]出界,则回溯,即 arr[i]=-1,i--,转步骤 3 重新摆放皇后 i
4. 退出循环,说明 n 皇后问题无解
```

5.3.2 0-1 背包问题

例 5.2 有一个背包,最多能承载 10kg,现在有 3 个物品,质量分别为[4,8,5]、价值分别为[24,40,20],详情如表 5.1 所示。那么应该如何选择才能使得你的背包背走最多价值的物品?

0-1 背包问题

表 5.1 0-1 背包问题示例

物品	质量(w)/kg	价值(v)/元	价值/质量(v/w)
1	4	24	6
2	8	40	5
3	5	20	4

0-1 背包问题属于最优解问题,用回溯法需要构造解的子集树。对于每一个物品 i,该物品只有选与不选 2 个决策,总共有 n 个物品,可以顺序依次考虑每个物品,这样就形成了一棵解空间树。求解的基本思想就是遍历这棵树,以枚举所有情况,最后进行判断,如果质量不超过背包容量,且价值最大的话,该方案就是最后的答案。

0-1背包问题的回溯法解空间树如图5.3所示。

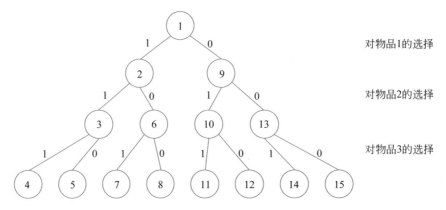

图 5.3　0-1背包问题的回溯法解空间树

0-1背包问题的回溯法求解过程如下。

（1）选择物品1，此时背包的质量为4，价值为24。

（2）选择物品2，此时背包的质量为12，超出背包容量，因此物品2不可选择，回溯至结点2。

（3）不选择物品2，行至结点6；选择物品3，行至结点7，此时背包的质量为9，价值为44，由于已达叶子结点，则得到可行解(1,0,1)，即该解选择物品1与3。

（4）回溯至结点6，不选择物品3，则得到可行解(1,0,0)，即该解选择物品1，总价值为24，小于先前最优解44。

（5）回溯至结点1，不选择物品1，行至结点9。

（6）选择物品2，此时背包的质量为8，价值为40，行至结点10。

（7）选择物品3，行至结点11，超出背包容量，回溯至结点10。

（8）不选择物品3，行至结点12，则得到可行解(0,1,0)，即该解选择物品2，总价值为40，小于先前最优解44。

（9）回溯至结点9，不选择物品2，行至结点13。

（10）选择物品3，此时背包的质量为5，价值为20，行至结点14，则得到可行解(0,0,1)，即该解选择物品3，总价值为20，小于先前最优解44。

（11）回溯至结点13，不选择物品3，行至结点15，则得到可行解(0,0,0)，即该解不选择任何物品，总价值为0，小于先前最优解44。

（12）解空间树遍历完毕，输出最优解(1,0,1)，总价值为44。

0-1背包问题的回溯法算法如下所示。

```
//输入：背包的最大容量 C,物品个数 n,每一个物品的质量 w_i,价值 v_i
//输出：问题的最优解选择的物品 x0[],总价值 max
rv=0;rw=0;                    //未考虑的物品总价值与总质量初始化
knapsack(k,r,cv,rc,rw)        //k为解空间树的层数,r为背包当前剩余容量,cv为当前结
                              //点已装入背包物品的总价值
```

```
        if r>=0 and cv>max then                        //找到并更新最优解
            max = cv; x0[] = x[1..k]; x0[k+1..n] = 0;
        end if
        if rw<=r then                                  //剪枝
            if cv+rv>max then
                max=cv+rv; x0[] = x[1..k]; x0[k+1..n] = 0;
            end if
        else
            if r>0 and cv+rv>max then
                rv=rv-v[k+1]; rw=rw-w[k+1];
                x[k+1]=0;
                knapsack(k+1,r,cv,rc,rw);              //搜索左子树
                x[k+1]=1;
                knapsack(k+1,r-w[k+1],cv+v[k+1];,rc,rw);  //搜索右子树
            end if
        end if
    end knapsack
```

5.3.3 图的 m 着色问题

图的 m 着色问题

例 5.3 给定无向连通图 $G=(V,E)$ 和正整数 m,求最小的整数 m,使得用 m 种颜色对 G 中的顶点着色后任意两个相邻顶点着色不同。

用 m 种颜色为无向图 $G=(V,E)$ 着色,其中,V 的顶点个数为 n,可以用一个 n 元组 $C=(c_1,c_2,\cdots,c_n)$ 来描述图的一种可能着色,其中,$c_i \in \{1,2,\cdots,m\}(1 \leqslant i \leqslant n)$ 表示赋予顶点 i 的颜色。

如图 5.4(a)所示,有 A、B、C、D、E 共 5 个顶点组成的无向图 G,如果采用图 5.4(b)的着色方法,可以看到相邻顶点 B、C 着色相同,因此该解为错误解;如果采用图 5.4(c)的着色方法,则满足题目条件,因此该解为可行解。

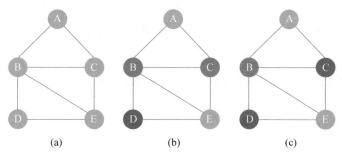

图 5.4 图的 m 着色问题示例

以图 5.4(a)为例,图的 m 着色问题的解空间树搜索过程如下。

(1) A=1,即顶点 A 着色 1。

(2) B=1,即顶点 B 着色 1,而 A、B 两顶点相邻,不满足题意,因此进行回溯。

(3) B=2，即顶点 B 着色 2。
(4) C=1，即顶点 C 着色 1，而 A、C 两顶点相邻，不满足题意，因此进行回溯。
(5) C=2，即顶点 C 着色 2，而 B、C 两顶点相邻，不满足题意，因此进行回溯。
(6) C=3，即顶点 C 着色 3。
(7) D=1，即顶点 D 着色 1。

(8) E=1，即顶点 E 着色 1，而 D、E 两顶点相邻，不满足题意，因此进行回溯。

(9) E=2，即顶点 E 着色 2，而 B、E 两顶点相邻，不满足题意，因此进行回溯。

(10) E=3，即顶点 E 着色 3，而 C、E 两顶点相邻，不满足题意，因此进行回溯。

(11) E=3，即顶点 E 着色 3，而 C、E 两顶点相邻，不满足题意，因此进行回溯。

(12) D=2，即顶点 D 着色 2，而 B、D 两顶点相邻，不满足题意，因此进行回溯。

(13) D=3，即顶点 D 着色 3。

(14) E=1，即顶点 D 着色 1，此时所有顶点均完成着色，且满足题意，得到可行解 5 元组(1,2,3,3,1)。

图的 m 着色问题的解空间树搜索过程如图 5.5 所示。

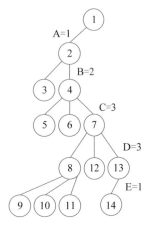

图 5.5　图的 m 着色问题解空间树搜索过程

图的 m 着色问题的回溯法算法如下所示。

```
//输入：无向图点与边之间的关系(邻接矩阵)，m 种颜色
//输出：无向图各顶点的着色记录 color[n]
1 将数组 color[n]初始化为 0
2 k=0;          //第一个顶点
3 while(k>=0)
3.1 依次考察每一种颜色，若顶点 k 的着色与其他顶点的着色不发生冲突，则转步骤 3.2；否则，
    搜索下一个颜色
3.2 若顶点已全部着色，则输出数组 color[n]，返回
3.3 否则
3.3.1 若顶点 k 是合法着色，则 k=k+1，转步骤 3 处理下一顶点
3.3.2 否则，重置顶点 k 的着色情况，k=k-1，转步骤 3 回溯
```

5.3.4 批处理作业调度问题

例 5.4　设有 n 个作业 $\{1,2,\cdots,n\}$ 要在两台机器上处理，每个作业要先在机器 1 上处理，再在机器 2 上处理，请给出一种作业调度方案，使得所有任务完成的总时间最短。

对于这个问题，不难想到一个最优调度应使机器 1 没有空闲时间，且机器 2 的空闲时间最小。

我们给出一个实例，现有 3 个作业 $\{1,2,3\}$，在机器 1 上所需的处理时间为 $(2,3,2)$，

在机器 2 上所需的处理时间为(1,1,3)。如果以图 5.6 的调度方案,即作业处理顺序为 1、2、3,则完成时间为 10;如果以图 5.7 的调度方案,即作业处理顺序为 1、3、2,则完成时间为 8。调度方案与处理过程描述如下。

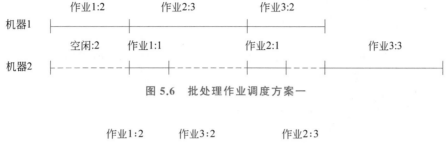

图 5.6　批处理作业调度方案一

图 5.7　批处理作业调度方案二

1. 调度方案一

(1) 机器 1 处理作业 1,时间为 0～2,此时机器 2 空闲。

(2) 机器 1 处理作业 2,时间为 2～5;机器 2 处理作业 1,时间为 2～3,到时间 3 时,机器 2 空闲。

(3) 机器 1 处理作业 3,时间为 5～7;机器 2 处理作业 2,时间为 5～6,到时间 7 时,机器 2 空闲。

(4) 机器 2 作业 3,时间为 7～10,完成全部作业。

2. 调度方案二

(1) 机器 1 处理作业 1,时间为 0～2,此时机器 2 空闲。

(2) 机器 1 处理作业 3,时间为 2～4;机器 2 处理作业 1,时间为 2～3,到时间 3 时,机器 2 空闲。

(3) 机器 1 处理作业 2,时间为 4～7;机器 2 处理作业 3,时间为 4～7,机器 2 无空闲。

(4) 机器 2 处理作业 2,时间为 7～8,完成全部作业。

由上述两种调度方案可以看出,方案一中机器 2 的总空闲时间为 5,方案二中机器 2 的总空闲时间为 3,因此方案二比方案一节省了时间 2,验证了我们之前的设想。

为了求解该问题,我们进行如下假设。

$x[n]$：表示 n 个作业批处理的调度方案。

$x[k]$：表示第 k 个作业的编号。

$sum1[n]$：机器 1 当前完成时间。

$sum2[n]$：机器 2 当前完成时间。

$sum1[k]$：安排第 k 个作业后,机器 1 完成时间。

sum2[k]：安排第 k 个作业后,机器 2 完成时间。

则：

sum1[k]=sum1[$k-1$]+作业 $x[k]$ 在机器 1 的处理时间。

sum2[k]=max{sum1[k],sum2[$k-1$]}+作业 $x[k]$ 在机器 2 的处理时间。

批处理作业调度问题的回溯算法可表示如下。

```
//输入：n个作业在机器1上的处理时间a[n],在机器2上的处理时间b[n]
//输出：最优调度序列 x[n]
1.初始化解向量 x[n]={-1};最短完成时间 bestTime=MAX;
2.初始化调度方案中机器 1 和机器 2 的完成时间
      sum1[n]=sum2[n]={0}; k=1
3. while(k>=1)
  3.1 依次考察每一个作业,如果作业 x[k]尚未处理,则转步骤 3.2,否则尝试下一个作业,即
      x[k]++
    3.2 处理作业 x[k]：
      3.2.1 sum1[k]=sum1[k]+a[x[k]]
      3.2.2 sum2[k]=max{sum1[k],sum2[k-1]}+b[x[k]]
      3.2.3 若 sum2[k]<bestTime,则转步骤 3.3,否则实施剪枝
  3.3 若 n 个作业已全部处理,则输出一个解；
  3.4 若尚有作业没被处理,则 k++,转步骤 3 处理下一个作业；
  3.5 回溯,x[k]= -1, k--,转步骤 3 重新处理第 k 个作业
```

5.4 能力拓展

5.4.1 全排列问题

例 5.5 规定 n 的全排列是自然数 1 到 n 的所有不重复排列。现在给出 n,要求输出 n 的全排列。

问题分析：首先考虑规模较小情况,当 $n=3$ 时,全排列为{123,132,213,231,312,321}。由于问题要求输出所有不重复的情况,因此很容易就想到可以采用枚举的方法输出所有的情况。

题目明确要求将 n 个数放置在 n 个位置上,所以可以枚举 n 个位置,在每个位置上填入 n 个数放到当前位置上,同时还需要保证不跟之前已填入的数重复,所以在求解过程中还要记录前面已经填入的数来确保没有重复情况。当将 n 个数放完之后,就可以输出一个结果,然后向上回溯遍历其他情况。

以 $n=3$ 为例,回溯法的解决思路如下(见图 5.8)。

(1) 在位置 1 中填入数字 1,位置 2 中填入数字 2,位置 3 中填入数字 3,此时已填入 n 个数字,到达叶子结点,可输出结果 123。

(2) 回溯至位置 2,在位置 2 中填入数字 3,位置 3 中填入数字 2,此时已填入 n 个数字,可输出结果 132。

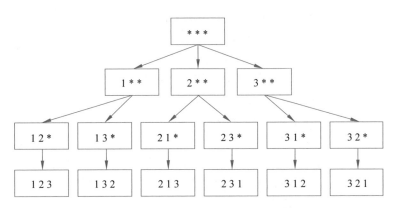

图 5.8　回溯法求解全排列问题示意图

（3）回溯至位置 1，在位置 1 中填入数字 2，位置 2 中填入数字 1，位置 3 中填入数字 3，此时已填入 n 个数字，可输出结果 213。

（4）回溯至位置 2，在位置 2 中填入数字 3，位置 3 中填入数字 1，此时已填入 n 个数字，可输出结果 231。

（5）回溯至位置 1，在位置 1 中填入数字 3，位置 2 中填入数字 1，位置 3 中填入数字 2，此时已填入 n 个数字，可输出结果 312。

（6）回溯至位置 2，在位置 2 中填入数字 2，位置 3 中填入数字 1，此时已填入 n 个数字，可输出结果 321。

5.4.2　存在障碍物的迷宫问题

例 5.6　给定一个 $n×m$ 的迷宫，迷宫中有些格子存在障碍物，无法移动到这个格子里面，其余格子均为空。求从起点到终点至少需要多少步。规定每次移动只能水平或垂直移动。

输入描述：第一行输入两个整数 n、m，表示迷宫的行数和列数。

接下来 n 行，每行输入 m 个字符，表示整个迷宫。

空的格子用"."表示，有障碍物的格子用 ♯ 表示。

起点用 S 表示，终点用 T 表示。

首先利用图 5.9 所示问题来进行分析。位置 S 表示迷宫起点，位置 T 表示迷宫终点，♯ 表示该位置有障碍物，"."表示该位置可到达。

由于起点和终点位置未知，因此需要先遍历找出起点 S 和终点 T 的位置。根据题目要求，我们只能水平或垂直移动，所以在移动的过程中只有上、下、左、右 4 个方向。每次移动时枚举这 4 种情况，并判断是否会出界。因为要求找到从起点 S 到终点 T 的最短距离，所以还需要对当前所在位置的步数进行标记，每次移动完毕后判断此时走到该点的步数是否小于上次途径该点的频数，不小于则向上回溯，小于则继续向下走。同时，当走

S	♯	♯	.
.	♯	.	.
.	.	.	.
.	♯	.	T
.	♯	.	.

图 5.9　存在障碍物的迷宫问题示例

到一个无法再移动的点时也需要向上回溯(表明迷宫中此处不通)。如果移动至终点,则更新最短路径结果,并向上回溯其他的情况。

以图 5.9 为例,回溯法的求解思路如下。

(1) 遍历整个二维数组(迷宫中所有位置),找出起点 S 和终点 T。

(2) 从起点 S(1,1)出发,假设以上左下右的优先方式进行移动,结合不能越界、不能通过障碍物的约束条件,向下依次经过(2,1)、(3,1)、(4,1)、(5,1),无法再移动,回溯至(4,1),同样无法再移动,回溯至(3,1)。

(3) 从位置(3,1)向右移动至(3,2)、(3,3),并依次向上移动至(2,3),向右移动至(2,4),向上移动至(1,4),此时无法再移动,回溯至(2,4),并向下通过(3,4)、再向下到达终点(4,4),此时路径长度结果为 8。

(4) 回溯至位置(3,3),以上左下右的优先方式依次经过(4,3)、(5,3)、(5,4)并到达终点(4,4),此时路径长度结果为 8。

(5) 回溯至位置(4,3),并直接向右到达终点(4,4),此时路径长度结果为 6,更新最短路径结果。

(6) 再次回溯至位置(3,3),并经过(3,4)到达终点(4,4),此时路径长度结果也为 6。

5.4.3 图的 m 着色问题变种

例 5.7 我们规定字母表示一个电台,数字则表示广播电台的无线频谱。如果相邻两个电台之间运用同样的无线频谱就会互相干扰。所以只有所有相邻电台运用的都是不同的无线频谱,所有电台才能都正常运作。最少需要多少个无线频谱才能让所有电台都正常运作?

本题跟图的 m 着色问题类似,但是该题要求的是至少需要多少种颜色才能让每个相邻点之间颜色不相同(最少需要多少种无线频谱才能使相邻的电台互不干扰)。

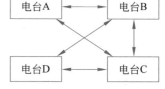

以图 5.10 为例,电台 A 与电台 B、C 相邻,电台 B 与电台 A、C、D 相邻,电台 C 与电台 A、B、D 相邻,电台 D 与电台 B、C 相邻。

回溯法的求解思路如下。

图 5.10 图的 m 着色问题变种示例

(1) 对 A 点(电台 A)进行操作,因为至少需要一种无线频谱,所以 sum=1,此时 A 点相邻的 B、C 两点均未给定无线频谱,因此遍历 B 点。

(2) 将无线频谱 1 给予 B 点,发现存在 A 点与它相邻并且无线频谱相同。所以 B 点不能使用无线频谱 1,我们需要加入一个新的无线频谱才能让 B 点拥有无线频谱并且满足条件。因此,给 B 点无线频谱 2,sum++,此时其他相邻点的无线频谱均与其不同。

(3) 同上将无线频谱 1 给予 C 点,发现存在相邻点 A 与之干扰,将无线频谱 2 给予 C 点,同时发现存在相邻点 B 与之干扰,所以加入一个新的无线频谱 3 给予 C 点,sum++,此时其他相邻点的无线频谱均与其不同。

(4) 此时我们发现对于 D 点来说,使用无线频谱 1 即可满足所有约束条件。

(5) 完成所有电台的无线频谱安排,输出结果"最少需要 3 种无线频谱"。

5.5 习题

1. 最远距离

有一个 n 个点、m 条边的图,每条边都有自己的长度。每个点之间不一定相连。问在不重复经过同一点的情况下,我们从任意点开始能够走的最远的距离是多少?

输入描述:第一行输入两个整型数 n,m。之后 m 行输入 a、b、c,表示 a 点到 b 点的边长度为 c。

输出描述:输出一个整型数,表示能够走的最远距离。

样例输入:

```
4 6
1 2 10
2 3 20
3 4 30
4 1 40
1 3 50
2 4 60
```

样例输出:

```
150
```

2. 陆地数量

在一个由 0~9 十个数字组成的矩阵中,规定 0 为海洋,1~9 为陆地。我们规定一个数组属于 1~9 并且它的上、下、左、右 4 个方向的数字均为陆地,那么它们都为同一陆地。问该矩阵中有多少个相互独立的陆地?

输入描述:第一行输入两个整数 $n、m$,分别表示矩阵的行数和列数。

之后 n 行输入 m 个字符表示整个矩阵图。

输出描述:输出一个整型数表示陆地个数。

样例输入:

```
4 10
0234500067
1034560500
2045600671
0000000089
```

样例输出:

```
4
```

3. 不相邻数字最大和

有一个 $n \times m$ 的数字矩阵,规定矩阵里数字均为非负整数。我们规定两个数字相邻,就是一个数在另一个数的相邻 8 个格子里。现在要从矩阵里面拿数,所有拿出来的数两两都不相邻。取出的数的和最大是多少?

输入描述:第一行输入一个整数 t,表示有 t 组数据。

对于每组数据,第一行输入两个整数 n, m,分别表示矩阵的行数和列数。

之后 n 行每行输入 m 个整数,表示了这个数字矩阵。

输出描述:T 行,每行输出一个非负整数,表示求得的最大和。

样例输入:

```
3
4 4
67 75 63 10
29 29 92 14
21 68 71 56
8 67 91 25
2 3
87 70 85
10 3 17
3 3
1 1 1
1 99 1
1 1 1
```

样例输出:

```
271
172
99
```

4. 最少移动次数

有一个长度为 n 的数轴,每个点有一个数字 k_i,表示该点可以向左或向右移动 k_i 个位置。规定移动后的点不能大于 n 也不能小于 1。现给定点 A、B,问从 A 点到 B 点至少要移动多少次?

输入描述:

第一行输入 3 个整数,n、a、b 分别表示数轴长度、A 点位置、B 点位置。

第二行输入 n 个非负整数,表示 k_i。

输出描述:不如果能够到达输出次数,否则输出 −1。

样例输入:

```
5 1 5
3 3 1 2 5
```

样例输出：

```
3
```

5. 经过最多的格子数量

有一个由大写字母构成的 $n \times m$ 的矩阵。我们从左上角出发，走过的字母不能再走，问我们最多能经过几个格子(包括最开始在的格子)。

输入描述：第一行输入两个整数 n, m，表示矩形的行数和列数。

之后 n 行每行输入 m 个大写字母，表示整个矩阵。

输出描述：输出一个数字，表示答案。

样例输入：

```
3 6
HFDFFB
AJHGDH
DGAGEH
```

样例输出：

```
6
```

6. 能够到达的砖块

在一个 $n \times m$ 的矩阵中有许多砖块，这些砖块有黑色和白色构成。我们最开始位于一个黑色砖块上。规定我们只能从黑色砖块走到黑色砖块，问我们能够到达的砖块有多少？

输入描述：存在多组输入。

第一行输入两个整数 m、n，表示矩阵的列数和行数。

之后 n 行，每行输入 m 个字符，表示整个矩阵。

"."表示黑色砖块，♯ 表示白色砖块，@表示我们最初在的黑色砖块。

输出描述：输出一个整数表示能够到达的砖块总数。

7. 棋盘放置方案

在一个形状已经给定的棋盘上摆放棋子(形状可能是不规则的)，要求任意两棋子不能被放置在棋盘中的同一行或者同一列。现给出棋子个数，问有多少种满足条件的放置方案？

输入描述：存在多组输入。

每组数据的第一行输入两个整数 n、m，表示棋盘的行数和列数。
后面 n 行每行输入 m 个字符，表示整个棋盘。
♯表示棋盘区域，"."表示空白区域。
输出描述：对于每组数据，输出一个整数表示可行的摆放方案。
样例输入：

```
2 1
#.
.#
4 4
...#
..#.
.#..
#...
-1 -1
```

样例输出：

```
2
1
```

8. 拿石子

有两个石子堆，每个石子堆都有若干个石子。Alice 和 Bob 轮流从石子堆中拿走石子。规定每次只能从多的石子堆拿石子，并且每次只能拿少的那堆石子数目的整数倍，最后谁能够把一堆石子取空就视为胜利。每局游戏都是 Alice 先，请写程序判断哪些情况 Alice 能赢下游戏。

输入描述：包含多组数据。
每组数据一行，输入两个整数 a、b，分别表示两个石子堆的石子个数。
输出描述：如果 Alice 胜利，输出 win，否则输出 loss。
样例输入：

```
34 12
15 24
0 0
```

样例输出：

```
win
lose
```

提示：当石子数分别为 a、b，并且 $a \geqslant b$，如果 $2b \leqslant a$ 那么先手必胜，否则先手只有一种取法。

9. 洪水与围墙

一场洪水把某市淹没了。万幸的是政府人员在一些重要的地方建起了一些围墙。围墙内的区域并没有被淹没。如果告诉你围墙建设图,你能告诉我有多少个地方没被淹没吗?

输入描述:

第一行输入两个整数 n,m,表示矩阵的行数和列数。

之后 n 行每行输入 m 个字符表示整个矩阵。

0 表示城市区域,* 表示围墙。

输出描述:输出一个整数表示答案。

样例输入:

```
4 5
00000
00*00
0*0*0
00*00
```

样例输出:

```
1
```

10. 取数

给定一个序列 s 包含 $1 \sim n$ 这 n 个自然数。现在要求从中选取 r 个数,问有多少种互不相同的选取方法。

输入描述:输入两个整数 n,r,表示序列长度和选取数字个数。

输出描述:按字典顺序输出所有组合。

样例输入:

```
5 3
```

样例输出:

```
1 2 3
1 2 4
1 2 5
1 3 4
1 3 5
1 4 5
2 3 4
2 3 5
2 4 5
3 4 5
```

第 6 章 贪 心 法

◆ 6.1 概 述

贪心算法(Greedy Algorithm 也称贪心法)是指在对问题求解时,总是做出在当前看来是最好的选择。也就是说,不从整体最优上加以考虑,仅得到在某种意义上的局部最优解。

贪心算法没有固定的算法框架,算法设计的关键是贪心策略的选择。必须注意的是,贪心算法不是对所有问题都能得到整体最优解,选择的贪心策略必须具备无后效性,即某个状态以后的过程不会影响以前的状态,只与当前状态有关。

◆ 6.2 贪心法设计思路

(1) 确定贪心策略,建立数学模型来描述问题。
(2) 把求解的问题分成若干个子问题,对每一子问题求解,得到子问题的局部最优解。
(3) 把子问题的局部最优解合并成原来问题的一个解。

◆ 6.3 贪心法示例与过程分析

部分背包问题

6.3.1 部分背包问题

0-1 背包问题的特点是:对于某件物品,要么被带走(选择了它),要么不被带走(没有选择它),不存在只带走一部分的情况。将 0-1 背包问题中的物品想象为一个金子,只能全部带走或者不带走,而部分背包问题中的物品则是一堆金粉末,可以全部拿走,也可以只拿走一部分。

例 6.1 现有 5 种饮品,其价值与体积如表 6.1 所示,有一个 800ml 的水杯,可任选不超过饮品体积上限的饮品进行混合调制,请问如何调制价值最高的饮品?

表 6.1 部分背包问题饮品价值与体积表

饮品	价值	体积/ml	价值/体积
柠檬汁	60	600	0.10
葡萄汁	10	250	0.04
橙汁	36	200	0.18
苹果汁	16	100	0.16
西瓜汁	45	300	0.15

部分背包问题可以形式化定义如下。

输入：n 种饮品所组成的集合 O，每种饮品对应的价值 v_i 与体积 p_i，水杯容量 C。

输出：求解一个解决方案 $S=\{x_i|1\leqslant i\leqslant n, 0\leqslant x_i\leqslant 1\}$，使得：

$$\max \sum_{x_i \in S} x_i p_i$$

$$\text{s.t.} \sum_{x_i \in S} x_i v_i \leqslant C$$

其中，x_i 表示选择饮品的比例，如果 x_i 只可取值 0 或 1 时，该问题即变成了 0-1 背包问题。

部分背包问题是一个典型的贪心问题，我们只需优先选择性价比（价值/体积）最高的饮品即可得到最优解。上述示例的求解过程如下。

(1) 往水杯内倒入性价比最高的橙汁，体积为 200ml，价值 3 为 6ml。

(2) 再往水杯内倒入性价比次高的苹果汁，此时总体积为 300ml，价值为 52ml。

(3) 再往水杯内倒入西瓜汁，此时总体积为 600ml，价值为 97ml。

(4) 再往水杯内倒入柠檬汁直至水杯装满，此时总体积为 800ml，价值为 117ml。

部分背包问题贪心算法描述如下。

```
//输入：饮品数量 n,各饮品的价值 p,各饮品的体积 v,水杯容量 C
//输出：水杯中饮品的最大价值,最优解方案
1.计算各饮品的性价比,并进行降序排序;
//ratio[i]、p[i]、v[i]分别表示性价比第 i 大的饮品的性价比、价值与体积
2. i=1; totalvalue=0;
//根据贪心策略进行求解
3. while C>0 and i≤n do     //当水杯未满且存在剩余饮品
      if v[i]≤C then        //饮品体积小于水杯剩余容量则全部倒入
        选择饮品 i;
          totalvalue= totalvalue+p[i];
          C=C+v[i];
      else if                //饮品体积大于水杯剩余容量则部分倒入
        选择 C 体积的饮品 i;
          totalvalue= totalvalue+p[i] * C/v[i];
          C=0;
```

```
        end if
    end while
    return totalvalue;
```

下面总结一下贪心算法的使用前提。

(1) 原问题复杂度过高。

(2) 求全局最优解的数学模型难以建立。

(3) 求全局最优解的计算量过大。

(4) 没有太大必要一定要求出全局最优解,"比较优"就可以。

对于第三个问题,原问题的分解方式大体可以分为 3 种。

(1) 按串行任务分解:时间串行的任务,按子任务来分解,即每一步都是在前一步的基础上再选择当前的最优解。如刚才举例的部分背包问题。

(2) 按并行任务分解:这种问题的任务不分先后,可能是并行的,可以分别求解后,再按一定的规则(比如某种配比公式)将其组合后得到最终解。

(3) 按规模递减分解:规模较大的复杂问题,可以借助递归思想,分解成小规模问题,循环解决,当最后一步的求解完成后就得到了所谓的"全局较优解"。

6.3.2 最优装载问题

最优装载问题

例 6.2 有 n 个集装箱要装上一艘载质量为 C 的轮船。其中,集装箱 i 的质量为 W_i。最优装载问题要求确定在装载体积不受限制的情况下,将尽可能多的集装箱装上轮船。

为了便于理解,我们设 $C=30$,集装箱质量数组 $W[i]=\{2,5,3,4,7,11,15,10\}$。

算法策略:把物品从小到大排序,然后根据贪心策略尽可能多地选出前 n 个物品,直到不能装为止。于是我们首先按照质量由小到大的顺序对数组进行排序,可得出如表 6.2 所示的物品清单。

表 6.2 按照质量由小到大排序后的物品清单

质量 $W[i]$	2	3	4	5	7	10	11	15

于是我们根据前面提到的贪心法设计思想的 3 个步骤进行求解。

最优装载问题贪心法设计思想如下。

Step1:确定贪心策略,即每次都选择最轻的集装箱装入轮船。

Step2:在 n 个集装箱中每次都选择最轻的集装箱装入轮船,然后再从剩下的 $n-1$ 个集装箱中选择最轻的集装箱装入轮船。子问题分解如下:

(1) 选择排序后的第 1 个,目前已装载的集装箱总质量 $t=2$,小于 C,已装载的集装箱个数 $S=1$。

(2) 选择排序后的第 2 个,目前已装载的集装箱总质量 $t=2+3=5$,小于 C,已装载的集装箱个数 $S=2$。

(3) 选择排序后的第 3 个,目前已装载的集装箱总质量 $t=5+4=9$,小于 C,已装载的集装箱个数 $S=3$。

(4) 选择排序后的第 4 个,目前已装载的集装箱总质量 $t=9+5=14$,小于 C,已装载的集装箱个数 $S=4$。

(5) 选择排序后的第 5 个,目前已装载的集装箱总质量 $t=14+7=21$,小于 C,已装载的集装箱个数 $S=5$。

(6) 选择排序后的第 6 个,目前已装载的集装箱总质量 $t=21+10=31$,大于 C,算法结束,已装载的集装箱个数 $S=5$。

Step3:选择的集装箱质量分别为 2、3、4、5、7,最终集装箱个数为 5 个。

最优装载问题的贪心算法可表示如下。

```
//输入:轮船负载量 C、集装箱数 n、每个集装箱的质量 wᵢ
//输出:可承载的最大集装箱数 M
1. 将所有集装箱按质量进行升序排序;
2. M=0;w=0;//M 为可承载的最大集装箱数,w 为装入下一个集装箱后轮船承载的总质量;
3. while(w≤C) do
     w=w+wᵢ
     i++;
     M++;
4. 输出 M;
```

6.3.3 乘船问题

例 6.3 现举行进行一次独木舟的旅行活动,一条独木舟最多只能乘坐两人,且乘客的总质量不能超过独木舟的最大承载量 W。为尽量减少这次活动中的花销,请安置所有旅客所需最少的独木舟条数。

为了便于理解,我们用一个例子进行描述。设 $W=150$,旅客质量数组 $w[i]=\{50, 70, 60, 90, 120, 80, 100, 65\}$。

算法策略:把旅客质量从小到大排序;从当前最轻的旅客开始考虑,找能跟其坐一只舟的最重的人;比最重的人都重的人都单独坐一个舟。

我们根据前面提到的贪心法设计思想的 3 个步骤进行求解。

乘舟问题贪心法设计思想如下。

Step1:确定贪心策略,从当前最轻的旅客开始考虑,找能跟其坐一只舟的最重的人。

Step2:每次都选择当前最轻的旅客与能跟其同舟的最重旅客,然后再从剩下的旅客中选择最轻的旅客与能跟其同舟的最重旅客。子问题分解如下。

(1) 选择质量最轻的 1 号旅客,与能跟其同舟(总质量不超过 150)的最重旅客 7 号,总质量为 150,而 5 号旅客单独乘舟(他无法与任何旅客同乘),此时消耗 2 条独木舟。

(2) 选择当前质量最轻的 3 号旅客,与能跟其同舟的最重旅客 4 号,此时消耗 3 条独木舟。

(3) 选择当前质量最轻的 8 号旅客,与能跟其同舟的最重旅客 6 号,此时消耗 4 条独木舟。

(4) 目前仅剩 2 号旅客,让其单独乘舟,此时消耗 5 条独木舟。

Step3：共消耗5条独木舟，分配方案为{1,7}、{3,4}、{6,9}、{2}、{5}。

现在关键的问题是，用这么简单的贪心法得到的是否是最优解？可以用反证法。

（1）假设当前最轻的旅客i不与任何人同舟，如果将能跟其同舟的最重旅客j与其同舟，用的舟数会小于或等于原来的舟数。

（2）假设当前最轻的旅客i与其他旅客k同舟，因为旅客j是与i匹配的最重的，所以$w(k)<=w(j)$，则旅客j加入其他舟可能会使其他舟超重，用的舟数会变多。

综上，求解本问题所提出的贪心策略不会丢失最优解。

乘船问题的贪心算法可表示如下。

```
//输入：独木舟的最大承载量 W，旅客人数 n，每名旅客的质量 wᵢ
//输出：所需最少的独木舟条数 C
1. 将旅客将质量进行升序排序；
2. C=0;
3. i=0; j=n-1;
4. while(i≤j) do
      if i=j
         C++;
         break;
      if w[i]+w[j]>W
         C++;
         j--;
      else
         C++;
         i++;
         j--;
4. 输出 C;
```

6.3.4 旅行商问题

例 6.4 现有5个城市，分别对应图中的5个顶点，每两个城市之间的距离对应图中边的权值，如图6.1所示。问从1号城市出发，如何事先确定一条最短的线路以保证其旅行的路程最短。

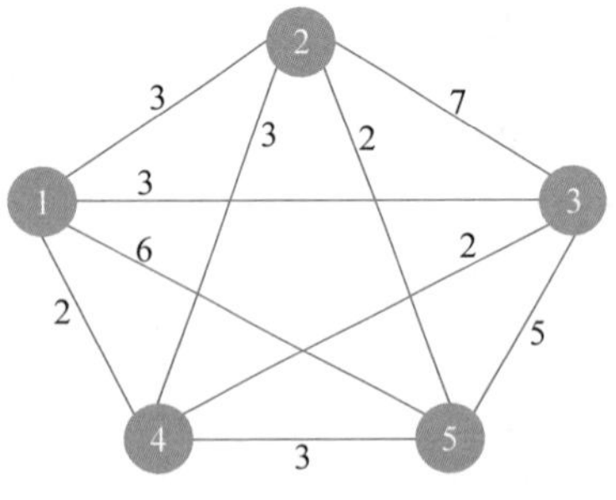

不妨继续采用贪心法进行此问题的求解。

Step1：确定贪心策略，即每次都选择距离最短的城市。

Step2：从1号城市出发，依次选择距离最短的城市路径，直至遍历所有城市，最后回到出发点。子问题分解如下。

图 6.1 旅行商问题描述示意图

（1）不难看出4号城市距离1号城市最近，因此首先选择途经4号城市，距离为2，此时路径为1→4。

（2）除去1号城市，4号城市与3号城市距离最近，因此下一个目标选择3号城市，总距离为 4,此时路径为 1→4→3。

(3) 在剩余的城市中,3 号城市与 5 号城市距离最近,因此下一个目标选择 5 号城市,总距离为 9,此时路径为 1→4→3→5。

(4) 当前仅剩余 2 号城市未途经,因此下一个目标选择 2 号城市,总距离为 11,此时路径为 1→4→3→5→2。

(5) 回到原出发点,总距离为 14,此时路径为 1→4→3→5→2→1。

Step3:本次方案的路径为 1→4→3→5→2→1,最终行程总距离为 14。

对于此类图问题,我们可以将其转化为邻接矩阵,如图 6.2 所示。

$$\begin{Bmatrix} 0 & 3 & 3 & 2 & 6 \\ 3 & 0 & 7 & 3 & 2 \\ 3 & 7 & 0 & 2 & 5 \\ 2 & 3 & 2 & 0 & 3 \\ 6 & 2 & 5 & 3 & 0 \end{Bmatrix}$$

图 6.2 邻接矩阵

用数组 arc[ ][ ]来存储各边代价,如 arc[1][2]表示 1 号城市到 2 号城市的距离为 3;用 flag[n]来表示某顶点是否已加入回路。

旅行商问题的贪心算法可表示如下。

```
//输入:无向带权图 G=(V, E),出发顶点 w
//输出:回路长度 TSPLength
1. 初始化:已经过的边集合 P={ }; TSPLength=0;
2. u = w; V = V -{w};
3. while(|P|<n-1)   do
      查找与顶点 u 邻接的最小代价边(u, v)并且 v 属于集合 V
      P = P +{(u, v)}; V= V -{v}; TSPLength= TSPLength+c_{uv}
      输出经过的路径 u→v,u=v
      end
4. 输出 TSPLength+c_{uw};
```

6.4 能力拓展

6.4.1 田忌赛马问题

例 6.5 田忌和齐王赛马,两人各出赛 n 匹马,赢一场比赛得 1 两银子,输了赔 1 银子,平局不赔不赚。已知两人每匹马的速度,且齐王仍然让他的马采用由快至慢的顺序出赛,问田忌最多能赢多少两银子(或最少输多少两银子)。

算法策略:把双方的马按速度由快至慢进行排序,以田忌最慢的马发挥最大的功效为贪心策略进行出赛安排。

同样,我们根据贪心法设计思想的 3 个步骤进行求解。

田忌赛马问题贪心法设计思想如下。

Step1:确定贪心策略,即让田忌最慢的马发挥最大的功效。

Step2:在第 1 轮比赛中让田忌最慢的马发挥最大的功效,在接下来的 $n-1$ 中亦如此进行。子问题分解如下。

(1) 当田忌最慢的马比齐王最慢的马快,那就直接比。因为始终要赢齐王最慢的马,不如用最慢的马来赢它。

(2) 当田忌最慢的马比齐王最慢的马慢,那就和齐王最快的马比,输一场。因为田忌最慢的马始终要输的,不如用它来消耗齐王最有用的马。

(3) 当田忌最慢的和齐王最慢的马慢相等时,分(4)、(5)、(6)讨论。

(4) 当田忌最快的马比齐王最快的马快时,赢一场先。因为最快的马的用途就是来赢别人快的马,别人慢的马什么马都能赢。

(5) 当田忌最快的马比齐王最快的马慢时,拿最慢的马和齐王最快的马比,输一场,因为反正要输一场,不如拿最慢的马输。

(6) 当田忌最快的马和齐王最快的马相等时,拿最慢的马来和齐王最快的马比。

Step3:将Step2中结果的最优解合并为最终结果,得出田忌最多能赢多少银子(或最少输多少两银子)。

6.4.2 过河问题

例 6.6 在漆黑的夜里,N 位旅行者来到了一座狭窄而且没有护栏的桥边。如果不借助手电筒的话,大家是无论如何也不敢过桥去的。不幸的是,N 个人一共只带了一只手电筒,而桥窄得只够让两个人同时过。如果各自单独过桥的话,N 人所需要的时间已知;而如果两人同时过桥,所需要的时间就是走得比较慢的那个人单独行动时所需的时间。那么,如何设计一个方案,让这 N 人尽快过桥。

为了便于理解,设 $N=4$,以 A、B、C、D 表示该 4 个人,每个人单独过河所需时间为 $T[i]=\{1、2、5、10\}$。

过河问题贪心法设计思想 1 如下。

解这道题的一个很自然的想法就是将所有人过河耗时进行升序排列,每次都让跑得最快的 A 陪着另一个人过桥,然后 A 快速地跑回来,再陪下一位过去,最后所有人就都可以过桥了,这样就可以使得返回的时间最短。为了方便起见,我们把旅行者出发的桥的这一边称为"此岸",而把旅行者想要到达的那边叫"彼岸"。在表达一个过桥方案时,我们用"→"表示从此岸到彼岸的移动,"←"来表示从彼岸到此岸的移动。前面提到的"让 A 护送大家过河"的方案就可以写成(右侧数字为消耗时长):

1. $A\ B \to 2$
2. $A \leftarrow 1$
3. $A\ C \to 5$
4. $A \leftarrow 1$
5. $A\ D \to 10$

上述方案"让 A 护送大家过河"总耗时为 $2+1+5+1+10=19$。该方案总耗时可表述为 $T_1 = 2 \times T[0] + T[1] + T[2] + T[3]$。

过河问题贪心法设计思想 2 如下。

上述方案为让 A 护送所有人过河,不难想到第二种方案,即耗时最短的 A 与耗时次短的 B 先过河,A 带手电筒返回;这时让耗时最长与耗时次长的 D 与 C 同时过河,再让

耗时次短的 B 带手电筒返回;最后让 A 与 B 过河。方案如下:

1. $A\ B \rightarrow 2$
2. $A \leftarrow 1$
3. $C\ D \rightarrow 10$
4. $B \leftarrow 2$
5. $A\ B \rightarrow 2$

上述方案"从第二轮开始,让耗时最长的两人先过河,同时耗时较短的人返回"总耗时为 $2+1+10+2+2=17$。该方案总耗时可表述为 $T_2=T[0]+3\times T[1]+T[3]$。此时只需要比较 T_1 与 T_2 大小即可,可以看出在该示例中,第二种方案要优于第一种。

我们可以将两个方案总结如下。

(1) 最快的人和次快的人过河,然后最快的人返回,逐个将人带过河,得到总时间 T_1。

(2) 最快的人(即所用时间 $T[0]$)和次快的人过河,然后最快的人返回,再次慢的人和最慢的人过河,然后次快的人回来;此时已将单独过河所需时间最多的两个人送过了河,那么剩下过河的人数为 $N-2$,采取同样的处理方式继续。如果没过河的人中,除了最快人和次快的人,就只剩下一个人(即 $N=3$),那么就由最快的人送最慢的人过河,最快的人回来,最后最快的人和次快的人一起过河。最终得到总时间 T_2。

(3) 假定 4 个人的过河时间 $T[0]<T[1]<T[2]<T[3]$,两种方案 T_1 与 T_2 之差即为 $(T[0]+T[2]-2T[1])$,如果 $(T[0]+T[2]-2T[1])>0$,则第二种方案更优,如果 $(T[0]+T[2]-2T[1])<0$,则第一种方案更优。如果进一步拓展人数,不难发现两种方案的差异,只与最快的人、次快的人和次慢的人的单独过桥时间有关,而与其他人的快慢无关。

在每趟决策时,从两种方案中选择耗时最小的方案执行,使得所有人过河所需时间最短。

习 题

1. 最小合法数

一个很大的数字 x 有 n 位,你可以改变任意位置数字 k 次,求你所能得到的最小合法数。

样例输入:

```
5 3(数字长度 n、可以改变的次数 k)
51528(初始数字)
```

样例输出:

```
10028
```

样例解释:数字长度大于1,那么我们把最高位改为1,其余位数从高到低依次改为0。

2. 竞赛训练

你想在另一场编程比赛之前进行训练。在你训练的第一天,你应该正好解决1个问题,在第二天正好2个问题,在第三天正好3个问题,以此类推。在第 k 天,你应该解决 k 个问题。你有一个包含 n 个竞赛的列表,第 i 个竞赛由 a_i 题组成。在每一天里,你必须从你还没有解决的比赛中选择一个并解决它。你正好解决了这场比赛中的 k 个问题。其他问题被丢弃。如果在第 k 期间没有包含至少 k 个问题的竞赛,则你停止你的训练。如果你选择最佳比赛,你可以训练多少天?

样例输入:

4(竞赛个数)
3 1 4 1(第 i 个竞赛的题数)

样例输出:

3

样例解释:排序后得到1、1、3、4,问题数量1、3、4可以在1、2、3天进行练习。

3. 排列方法

给你一个长度为 $2n$ 的数组,是否存在一种排列方法使得数组前 n 项和不等于后 n 项和,如果存在请输出随便一种排列方法,不存在输出"-1"。

样例输入:

3(长度 n)
1 2 2 1 3 1(第 i 个数的值)

样例输出:

1 1 1 2 2 3

样例解释:从小到大排序输出即可。

4. 买玩具

商店卖 n 种玩具,有库存 i 类型玩具。你拥有无限量的现金(因此你不受任何价格的限制)并且想购买尽可能多的玩具。但是,如果你购买 i 类型的 x_i 玩具(显然,$0 \leqslant x_i \leqslant a_i$),那么对于所有 $1 \leqslant j < i$,至少必须满足以下一项。

(1) $x_j = 0$(你购买了零个 j 类玩具)。

(2) $x_j < x_i$(你买的 j 类玩具比 i 类玩具少)。

计算你可以购买的最大玩具数量。

输入样例：

5(玩具数)
1 2 1 3 6(第i种类型玩具的数量)

输入输出：

10

样例解释：从后往前处理得到的玩具数是6(6)、3(3)、1(1)、0(2)、0(1)，最后获得的总数为6+3+1+0+0=10。

5. 排列矩形

一排有 n 个矩形，你可以将每个矩形旋转 90°，也可以保持原样。如果你转动一个矩形，它的宽度与高度互换。请注意，你可以转动任意数量的矩形，也可以转动所有矩形或不转动所有矩形，但不能更改矩形的顺序。找出是否有办法使矩形按非升序高度排列。换句话说，在所有的转弯之后，每个矩形的高度必须不大于前一个矩形的高度。

样例输入：

3(矩形个数)
3 4(第i个矩形的宽与高)
4 6
3 5

样例输出：

YES

样例解释：选取4、4、3进行排列即可。

6. 正确执行命令数量

有一个位于无限网格上的机器人。最初，机器人站在起始单元(0,0)中。机器人可以处理命令。它可以执行4种类型的命令。

(1) U——从(x,y)移动到$(x,y+1)$。

(2) D——从(x,y)移动到$(x,y-1)$。

(3) L——从(x,y)移动到$(x-1,y)$。

(4) R——从(x,y)移动到$(x+1,y)$。

输入了 n 个命令的序列，机器人处理了它。在此序列之后，机器人最终进入了起始单元(0,0)，但怀疑该序列是否是在正确执行后机器人最终处于同一单元的情况。可能有些命令被机器人忽略了。要确认机器人是否受到严重窃听，需要计算正确执行的最大可能命令数。

样例输入：

```
4
LDUR
```

样例输出：

```
4
```

样例解释：$L=R=1$，$U=D=1$，命令数为 $1\times2+1\times2=4$。

7. 买票

新的"Hello World!"电影刚刚上映！电影院票房有 n 个人排着长队。他们每个人都有一张 100、50 或 25 元的钞票。一张"Hello World!"的票价为 25 元。如果售票员最初没有钱并严格按照人们排队的顺序出售门票，可以将票卖给每个人并找零吗？

样例输入：

```
4(排队人数)
25 25 50 50(第 i 个人的钞票面值)
```

样例输出：

```
YES
```

样例解释：先收两个 25 刚好可以找给后面两个 50 的人。

8. 反转字符串最小成本

给定两个长度相同的二进制字符串 a 和 b。可以对字符串 a 执行以下两个操作：分别在索引 i 和 j 处交换任意两位（$1\leqslant i,j\leqslant n$），这个操作的代价是 $|i-j|$，即 i 和 j 的绝对差。选择任意索引 i（$1\leqslant i\leqslant n$）并翻转（将 0 更改为 1 或 1 为 0）该索引处的位，此操作的成本为 1。找出使字符串 a 等于 b 的最小成本（不允许修改字符串 b）。

样例输入：

```
3(字符串长度)
100(字符串 a)
001(字符串 b)
```

样例输出：

```
2
```

样例解释：将字符串 a 的第 1 个位置和第 3 个位置进行翻转，花费是 2。

9. 两个数字之间的最大距离

一个数组 $n(n \leqslant 100000)$ 个数，保证所有数不全部相同，设两个相邻数字之间的距离为 1，求某两个不同数字之间的最大距离。

样例输入：

```
5(数组长度)
1 2 3 2 3(第 i 个数的数值)
```

样例输出：

```
4
```

样例解释：最左边的 1 和最右边的 3 数字不同，所以最远距离是 4。

10. 数组匹配

给你两个数组，第一个数组有 n 个数，第二个数组有 m 个数，两个数组的数字可以配对的要求是两个数差的绝对值不大于 1，假设每个数最多配对一次，求两个数组能配对的最大数量。

样例输入：

```
4(数组一的长度)
1 4 6 2(数组一第 i 个位置的数值)
5(数组二的长度)
5 1 5 7 9(数组二第 i 个位置的数值)
```

样例输出：

```
3
```

样例解释：排序后数组一为 1 2 4 6，匹配方法 1~1,5~4,5~6，最多只有 3 对。

第7章 分支限界法

7.1 概述

分支限界法是由理查德·卡普(Richard M. Karp)在20世纪60年代发明，与回溯法类似，都是在问题的解空间树上搜索问题解的一种算法。其基本思想是对有约束条件的最优化问题的所有可行解(数目有限)空间进行搜索。

分支限界法主要以广度优先的方式搜索问题的解空间树。在分支限界法中，每一个活结点只有一次机会成为扩展结点。活结点一旦成为扩展结点，就一次性产生其所有的子结点。通过不断扩展子结点把全部可行的解空间不断分割为越来越小的子集(称为分支)，并为每个子集内解的值计算一个下界或上界(称为定界)，根据问题优化目标，依据下界或上界舍弃不可行解或导致非最优解的子结点，引导搜索最优解。

7.2 分支限界法设计思路

在搜索的过程中，按广度优先策略对当前结点进行扩展，分支产生当前结点的所有子结点。在每次分支后，对限界超出已知可行解值的子集不再做进一步分支，减少搜索范围，提高算法效率。将问题分支为子问题并对这些子问题定界的步骤称为分支限界法。

选择搜索树上的结点作为下次分支的结点的原则如下。

(1) 队列式(FIFO)分支限界法：从最新产生的各子集中按顺序选择各结点进行分支。

(2) 优先队列式分支限界法：每次算完限界后，把搜索树上当前所有叶结点的限界进行比较。找出限界最优的结点，此结点即为下次分支的结点。

分支限界法中问题的解向量表示为：$<x^1,x^2,\cdots,x^n>$，其中 $x^i \in S_i$，每个分量存在 $s_i = |S_i|$ 种取值，所以，问题的解空间为 $|S_1| \times |S_2| \times \cdots \times |S_n| = s_1 s_2 \cdots s_n$。如果 $s_i \geq 2$，则问题的复杂度至少为 $O(2^n)$，如0-1背包问题、旅行商问题等，是典型的NP问题。当输入规模较大时，穷举法难以有效地进行求解，分支限界法能够避免对搜索空间中的部分区域进行搜索，实现算法性能提升。

优先队列式分支限界法是进行分支限界算法设计时主要使用的方法。该方法从初始状态开始,利用限界函数、优先队列引导搜索朝着最有希望的方向进行。以求解一个最小化问题为例来描述分支限界法的主要步骤如下。

(1) 利用贪心法求出问题的上界 ub,利用限界函数求出问题初始状态的下界 lb。初始状态结点加入待处理结点表 PT(优先队列)。

(2) 获取 PT 中队首结点(lb 最小),该结点对应一个在搜索树进行了 k 步搜索的部分解:$<x_i^1,x_i^2,\cdots,x_j^k>$。接下来扩展该结点进行第 $k+1$ 步搜索。

(3) 第 $k+1$ 步有 $s_{k+1}=|S_{k+1}|$ 种分支选择,形成 s_{k+1} 个部分解 $<x_i^1,x_i^2,\cdots,x_j^k,x_1^{k+1}>,\cdots,<x_i^1,x_i^2,\cdots,x_j^k,x_{s_{k+1}}^{k+1}>$,并对每个部分解计算下界 lb。

(4) 仅将 s_{k+1} 个部分解中 lb≤ub 的结点放入队列 PT 中来实现剪枝。持续执行(2)和(3),直到叶子结点为止。叶子结点对应一个问题的解,如图 7.1 中结点 f_1。

(5) 假定结点 f_1 对应的下界是 lb′,删除 PT 中所有下界≥lb′ 的结点。如果 PT 为空,则搜索结束,最优解是结点 f_1 对应的解;否则,按照(2)、(3)、(4)、(5)继续搜索,直到 PT 为空为止。如果在搜索的过程中找到更优的下界,则说明找到了更优的解,如图 7.1 中 f_2。

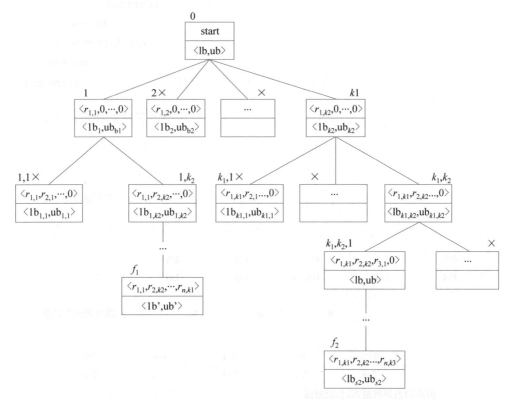

图 7.1 分支限界法的一般搜索过程

分支限界法已经成功地应用于旅行商问题、背包问题以及可行解的数目为有限的许多其他问题。Kolen 等曾利用此方法求解含时间窗约束的车辆巡回问题,其实验的结点数范围为6~15。当结点数为6时,计算机演算所花费的时间大约为1min(计算机型为VAZ11/785),当结点数扩大至12时,计算机有内存不足的现象产生,所以分支限界法比较适用于求解小型问题。Held和Karp指出分支限界法的求解效率与其界限设定的宽紧有极大的关系。

7.3 分支限界法示例与过程分析

7.3.1 0-1背包问题

例7.1 求0-1背包问题:物品数量$n=4$,背包质量$C=10$。n个物品的质量及价值如表7.1所示。

表7.1 背包问题示例

物品	质量(w)	价值(v)	价值/质量(v/w)
1	4	24	6
2	8	40	5
3	5	20	4
4	2	6	3

用W表示已放入背包所有物品质量之和,V表示背包已放入物品价值之和。

问题的下界通过贪心法求解:遍历物品,当背包剩余质量$C-W \geq w_i$时,把物品放入背包,按照此方法可得lb=44。

用$x_i \in \{0,1\}$表示第i个物品是否选择,则上界的求解方法如式(7-1)所示:

$$\text{ub} = \sum_{i=1}^{k} x_i v_i + \left(W - \sum_{i=1}^{k} x_i w_i\right)\left(\frac{v_{i+1}}{w_{i+1}}\right) \tag{7-1}$$

根据式(7-1)计算得到问题的ub=6×10=60。

用结构{结点编号、待决策物品编号i、部分解$x[1..n]$、物品价值和V、物品质量和W、ub}表示结点。

待处理结点表PT,PT是优先队列按结点ub降序排列,队首结点的ub最大。

利用贪心法求出问题的下界lb,利用式(7-1)求出目标函数的上界ub。

于是,求解0-1背包问题的分支限界算法可以描述如下。

```
算法:BranchBoundKnapsack(C,n,w[],v[])
//输入:背包质量C,物品数量n,物品质量w[],物品价值[]
//输出:背包中放入物品
当前结点编号:cnt←1
构造根结点 root:{cnt,0,[],0,0,ub}
放入 PT: PT←PT∪{root}
    while PT≠∅ do
```

```
        弹出队首结点 node
        k←node.i+1
        cw←node.W+w[k]
      if cw≤C then
            物品 k 放入背包,根据式(7-1)计算新结点的目标函数上界 ub
            if ub<lb then continue end if
            cv←node.V+v[k]
            if k=n and cv≥node.ub then
                输出最优解,退出
            else if k=n and cv>lb then
                lb←cv
    end if
            分配数组存储左子结点代表的部分解:ls[1..n]←node.s[1..n]
            cnt←cnt+1
            构造结点 node 的左子结点 left:{cnt,k,ls[k]←1,cv,cw,ub}
            PT←PT∪{left}
      end if
            物品 k 不放入背包,根据式(7-1)计算目标函数上界 ub
            分配数组存储右子结点代表的部分解:rs[1..n]←node.s[1..n]
            cnt←cnt+1
            构造结点 node 的右子结点 right:{cnt,k,rs[k]←0,node.v,node.W,ub}
            PT←PT∪{right}
    end while
```

表 7.1 所示问题的搜索过程如下。

(1) 优先队列 PT 初始结点:{(♯1,0,[],0,0,60)}。

(2) 弹出队首元素(结点♯1),根据物品 1 选择与否产生两个结点♯2 和♯3,按优先级从高到低放入 PT 中:{(♯2,1,[1],24,4,54)、(♯3,1,[0],0,0,50)}。

(3) 弹出队首元素(结点♯2),根据物品 2 选择与否产生两个结点♯4 和♯5,由于结点♯4 不可行被剪枝,将结点♯5 放入 PT:{(♯3,1,[0],0,0,50)、(♯5,2,[1,0],4,24,48)}。

(4) 弹出队首元素(结点♯3),根据物品 2 选择与否产生两个结点♯6 和♯7,其中结点♯7 的 ub=40<lb,被剪枝,将结点♯6 放入 PT 中:{(♯5,2,[1,0],4,24,48)、(♯6,2,[0,1],40,8,45)}。

(5) 弹出队首元素(结点♯5),根据物品 3 选择与否产生两个结点♯8 和♯9,按优先级从高到低放入 PT 中:{(♯8,3,[1,0,1],44,9,47)、(♯6,2,[0,1],40,8,45)、(♯9,3,[1,0,0],24,4,42)}。

(6) 弹出队首元素(结点♯8),根据物品 4 选择与否产生两个结点♯10 和♯11,其中结点♯10 不可行被剪枝。结点♯11(♯11,4,[1,0,1,0],44,9,44)中待决策物品为 4,表示该结点是叶子结点,其对应的解[1,0,1,0]是问题的一个可行解,可放入背包物品质量为 44。由于 44<47,故该解不一定是最优解,继续进行搜索。

(7) 弹出队首元素(结点♯6),根据物品3选择与否产生两个结点♯12和♯13,其中结点♯12不可行被剪枝。将结点♯13放入PT表中:{(♯13,3,[0,1,0],40,8,46)、(♯9,3,[1,0,0],24,4,42)}。

(8) 弹出队首元素(结点♯13),根据物品4选择与否产生两个叶子结点♯14,结点♯14为(♯14,4,[0,1,0,1],46,10,46)。结点♯14的解是[0,1,0,1],可放入背包的质量为46。由于结点♯14是扩展自ub最大的结点♯13,而且结点♯14的ub=46(≥结点♯13的ub),所以结点♯14的ub是所有结点中的最大值。因此,结点♯14的解[0,1,0,1]是最优解,最优值为46,搜索结束。

搜索树如图7.2所示。

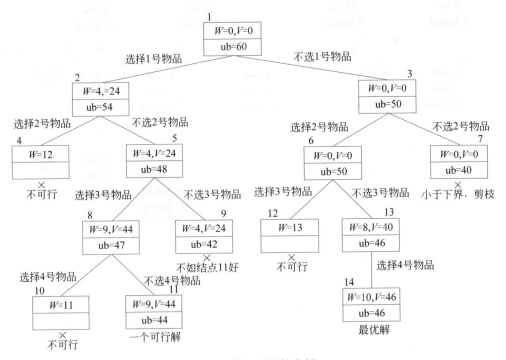

图 7.2 背包问题搜索树

分支限界法求解多段图问题

7.3.2 多段图最短路径问题

例 7.2 设图 $G=(V,E)$ 是一个带权有向连通图,如果把顶点集合 V 划分成 k 个互不相交的子集 $V_i(2 \leqslant k \leqslant n, 1 \leqslant i \leqslant k)$ 使得 E 中的任何一条边 (u,v),必有 u 属于 V_i, v 属于 $V_{(i+m)}(1 \leqslant i < k, 1 < i+m \leqslant k)$ 则称图 G 为多段图,称 s 属于 V_1 为源点, t 属于 V_k 为终点。约定起点为0,终点为 n。

多段图的最短路径问题即求从源点 s 到终点 t 的最短路径。

如图7.3所示多段图,顶点0表示源点,顶点9表示终点,求该多段图的最短路径。

多段图是路径最小化问题,求解过程如下。

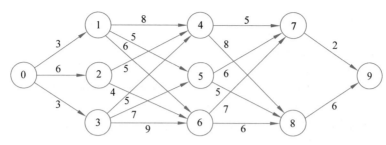

图 7.3　多段图示例

1. 用贪心法求上界

从源点 0 出发,找出到达下一段顶点最短的弧,如果有多条,选择达到顶点编号最小的弧;从下一个顶点按照该策略继续确定路径后续的弧,直到终点 9。

所以,可以确定路径 0→1→5→8→9,其长度为 3+5+5+6=19,即 ub=19。

2. 目标函数下界计算方法

目标函数下界通过选择连接每两段中最短的一条弧构成的路径得到,该条路径可能不是一条合法的路径。由此,可得问题初始下界:

$$lb = (0 \to 1) + (2 \to 6) + (5 \to 8) + (7 \to 9) = 3 + 4 + 5 + 2 = 14$$

记这些最短弧集合为 U,如果构成最短路径的所有弧**都来自集合 U**,则最短路径可以达到下界;否则,最短路径中必然存在部分弧要长于对应段间的弧,则最短路径大于下界。

记段数为 n 的图中从左至右的段为 $S_1, S_2, \cdots, S_n$,前 k 段确定的顶点记为 $a_0, a_1, \cdots, a_k$,arc(u,v) 表示弧 $<u,v>$,$|$arc$(u,v)|$ 表示弧的长度。

算法的下界可以通过式(7-2)得到:

$$lb = \sum_{i=0}^{k-1} c[a_i][a_{i+1}] + \sum_{i=k}^{n-1} \min\{|\operatorname{arc}(u,v)|\} \tag{7-2}$$

其中,$u \in S_i, v \in S_{i+1}$。

用结构{起始顶点 from,终止顶点 to,长度 l}表示直接相连弧,n 表示段数,SA[1..n] 表示每段中弧的集合,SA[1] 表示第 0 段与第 1 段之间的直接相连弧的集合。

用结构{结点编号,当前决策段 i,当前顶点 cv,部分解 $x[\ ]$,下界 lb}表示搜索树结点,算法描述如下。

```
算法:BranchBoundMultiSegmentGraph(s,t,SA[],n)
//输入:图 Graph,源点 s,终点 t,每段中直接相连弧集合 SA,段数 n
//输出:最短路径
当前结点编号 cnt=1
搜索树根结点 root←{cnt,0,s,[ ],lb}
优先队列 PT 表示待处理结点表,将 root 放入 PT 中:PT←PT∪{root}
while PT≠∅ do
    node←弹出 PT 首结点
```

```
            k←node.i+1
        for ∀ arc(u,v)∈SA[k] do
            if u= node.cv then
                cnt←cnt+1
                将 arc(u,v)放入路径并根据式(7-2)计算新的路径对应的 lb
                if lb≥ub then continue end if
                分配空间存储结点 cnt 的部分解 x←node.x
                x[k]←arc(u,v)
                if k= n and lb≤node.lb then
                    输出解 x、最短路径长度 lb
                else if k= n then
                    ub←lb
                end if
                构造新结点 child←{cnt,k,v,x,lb}
                PT←PT∪{child}
            end if
        end for
    end while
```

图 7.3 所示问题搜索过程如下。

(1) 初始状态。将结点♯1 放入 PT 中,PT 中包含一个结点{(♯1、0、0、<>、14)}。

(2) 获得队首结点♯1,该结点表示搜索起始的结点。源点 0 有 3 条出弧,可以扩展出 3 个子结点♯2、♯3 和♯4,放入 PT 中。此时 PT={(♯2、1、1、<0→1>、14)、(♯4、1、3、<0→3>、14)、(♯3、1、2、<0→2>、17)}。

(3) 获得队首结点♯2,顶点 1 有 3 条出弧,可以扩展出 3 个子结点♯5、♯6 和♯7。此时,PT={(♯4、1、3、<0→3>、14)、(♯6、2、5、<0→1→5>、15)、(♯7、2、6、<0→1→6>、16)、(♯3、1、2、<0→2>、17)、(♯5、2、4、<0→1→4>、18)}。

(4) 获得队首结点♯4,顶点 3 有 3 条出弧,可以扩展出 3 个子结点♯8、♯9 和♯10。此时,PT={(♯6、2、5、<0→1→5>、15)、(♯8、2、4、<0→3→4>、15)、(♯7、2、6、<0→1→6>、16)、(♯3、1、2、<0→2>、17)、(♯9、2、5、<0→3→5>、17)、(♯5、2、4、<0→1→4>、18)、(♯10、2、6、<0→3→6>、19)}。

(5) 获得队首结点♯6,顶点 5 有 2 条出弧,可以扩展 2 个子结点♯11 和♯12。此时,PT={(♯8、3、4、<0→3→4>、15)、(♯7、2、6、<0→1→6>、16)、(♯11、4、6、<0→1→5→7>、16)、(♯3、1、2、<0→2>、17)、(♯9、2、5、<0→3→5>、17)、(♯5、2、4、<0→1→4>、18)、(♯10、2、6、<0→3→6>、19)、(♯12、4、7、<0→1→5→8>、19)}。

(6) 获得队首结点♯8,顶点 4 有 2 条出弧,可以扩展 2 个子结点(♯13、4、7、<0→3→4→7>、15)和(♯14、4、8、<0→3→4→8>、22)。由于结点♯14 的 lb=22>18,执行剪枝。此时,PT={(♯13、4、7、<0→3→4→7>、15)、(♯7、2、6、<0→1→6>、16)、(♯11、4、6、<0→1→5→7>、16)、(♯3、1、2、<0→2>、17)、(♯9、2、5、<0→3→5>、17)、(♯5、2、4、<0→1→4>、18)、(♯10、2、6、<0→3→6>、19)、(♯12、4、7、<0→1→5→8>、

19)}。

(7) 获得队首结点♯13,顶点 7 有 1 条出弧到终点,扩展 1 个叶子结点(♯15、5、9、<0→3→4→7→9>、15)。该结点是问题的一个解。此时,PT 中所有结点的下界都大于 15。因此,♯15 结点对应的解为问题的最优解,搜索结束。

图 7.3 所示问题搜索树如图 7.4 所示。

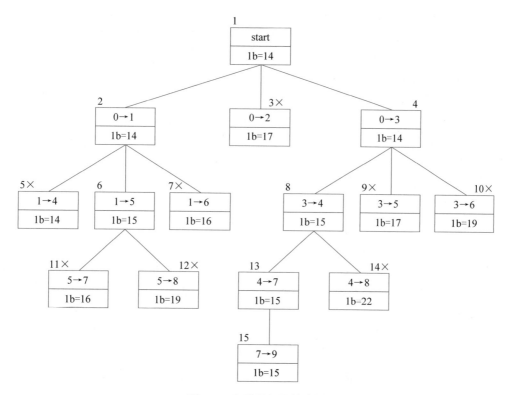

图 7.4 多段图问题搜索树

7.3.3 旅行商问题

例 7.3 用分支限界法求解图 7.5 所示的旅行商问题。

按照广度优先进行穷举所有路径将遍历一棵排列树,具有 $O(n!)$ 的复杂度。因此,旅行商问题是典型的 NP 难问题。在搜索过程中需要评价子树是否需要搜索来减少搜索空间,提高算法性能,具体过程如下。

1. 确定目标函数

应用分支限界法解决旅行商问题首先要确定目标函数,方便每次扩展新的结点时优先扩展目标函数值较小的结点。旅行商问题中目标函数可以用已

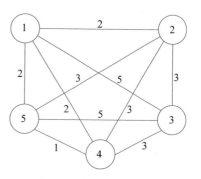

图 7.5 旅行商问题示例

分支限界法
求解旅行商
问题 TSP

选取结点路径之和＋未选取结点"最优"路径之和来进行估算。这里"最优"路径可以不合理,只是使用这个近似最优解来向上逼近最优解。

2. 根据目标函数确定目标函数的上下界

在游历的过程中,每个顶点都有一条入弧和一条出弧,对每个顶点选择两条最短的弧,得到如图 7.6 所示的子图(粗线标示的部分)。

虽然粗线标示的路径并不是一条合法的路径,合法的路径中可能存在部分弧的长度不小于对应的弧。例如,假设走过的路径为 1→5→4→3,则根据问题约束,不可能选择 3→5 这条弧,只能选择 3→2 这条弧走出顶点 3。此时,形成合法路径中的部分弧长度可能要大于粗线标示的对应的弧。

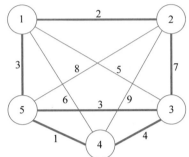

图 7.6 问题中最短弧集合

由于每个城市的入弧和出弧被计算了两次,因此,该路径的长度应该要除以 2 得到问题的下界,即

$$\text{low} = [(2+3)+(2+7)+(3+4)+(1+4)+(1+3)]/2 = 15$$

使用贪心法计算目标函数上界:从起点 1 开始遍历图,每次选择与所在顶点相邻的最短的边转移,所走过的路径之和即是目标函数上界。使用贪心算法得到的上界为 1→2→3→5→4→1,ub=19。

3. 确定更新目标函数 lb 计算过程

假设已经走了 k 步,确定的顶点放入集合 U 中,分别标记为 r_1、r_2、$\cdots$、r_k,如图 7.7 所示。

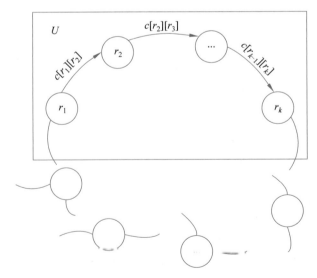

图 7.7 求 TSP 问题的下界

在此部分解形成的格局下,构造下界主要由如下 3 部分计算得到。

(1) 已确定的路径长度：$\sum_{i=1}^{k-1} c[r_i][r_{i+1}]$。

(2) r_1 的入弧、r_k 的出弧未定,从 r_i 行中找出不在路径上的最小元素累加,$r_i \in U$。

(3) 累加 $r_i \notin U$ 中所有顶点相邻两条最短的弧,即 r_i 行上最小的两个元素。

将以上 3 种情况累加形成在当前格局下的路径长度下界：

$$\mathrm{lb} = \frac{1}{2}\left(2\sum_{i=1}^{k-1} c[r_i][r_{i+1}] + \sum_{r_i \in U} r_i \text{ 行不在路径上的最小元素} + \sum_{r_j \notin U} r_j \text{ 行最小的两个元素}\right) \tag{7-3}$$

其中,(2)、(3)两个部分是未确定的,每个顶点都计算了入弧和出弧,所以要除以 2。

在图 7.5 给出的完全图中选定 1 为起点计算初始 lb＝15、ub＝19,目标函数界限为 [15,19]。从 1 开始拓展,不断将新的 lb＜ub 的结点加入优先队列,之后取出优先队列中 lb 最小的结点进行拓展,直到 lb 与 ub 相等或者优先队列为空,最后保留最小的 lb 即为最优解。

用结构{结点编号、当前顶点 cv、已走过顶点数 visited_node_num、部分解 x[]、下界 lb}表示搜索树子结点,求解 TSP 问题的分支限界算法可描述如下。

```
算法：BranchBoundTSP(G(V,E),n)
//输入：图 G,结点数量 n
//输出：最短路径
当前结点编号：cnt←1;最优路径值：ret←INF
构造搜索树根结点：root←{cnt,1,1,[ ],lb}
利用优先队列构造待处理结点表 PT←PT∪{root}
while PT≠∅ do
node←弹出队首结点
    if node.lb≥ub then continue end if
    k←node.visited_node_num
    if k=n-1 then
        sum←计算完整路径长度
        if sum≤node.lb then
            ret←min(ret,sum);break
        else
            ub←min(ub,sum)
            ret←min(ret,sum)
        end if
                k←k+1
        for i←1 to n do
            if not visited(i,node.x) then
                i←node.cv
                选择 node.cv→i 分支扩展第 k 步
                x[k]←arc(cv,i)
```

```
                    arc(cv,i)加入到路径后,根据式(7-3)计算目标函数的下界 lb
                    cnt←cnt+1
                    构造新的结点 node_new←{cnt,i,node.v+1,x,lb}
                    PT←PT∪{node_new}
                end if
            end for
        end while
```

图 7.5 所示 TSP 问题搜索过程如下。

(1) 根结点 1 的目标函数限界函数值 lb=[(2+3)+(2+7)+(3+4)+(1+4)+(1+3)]/2=15,将结点 1 加入优先队列中。

(2) 对队首元素(结点 1,lb=15)进行扩展。

① 结点 2:确定路径 1→2,lb=[2×2+3+7+(1+3)+(1+4)+(3+4)]/2=15,将结点 2 加入优先队列中。

② 结点 3:确定路径 1→3,lb=[2×5+2+3+(1+3)+(1+4)+(2+7)]/2=17;将结点 3 加入优先队列。

③ 结点 4:确定路径 1→3,lb=[2×6+2+1+(1+3)+(3+4)+(2+7)]/2=18;将结点 4 加入优先队列。

④ 结点 5:确定路径 1→5,lb=[2×3+2+1+(1+4)+(3+4)+(2+7)]/2=15;将结点 5 加入优先队列。

(3) 对队首元素进行扩展(结点 2,lb=15)。

① 结点 6:确定路径 1→2→3,lb=[2×(2+7)+3+3+(1+3)+(4+3)]/2=17,加入队列。

② 结点 7:确定路径 1→2→4,lb=[2×(2+9)+3+1+(1+3)+(4+3)]/2=19,达到上界,无继续搜索必要,剪枝。

③ 结点 8:确定路径 1→2→5,lb=[2×(2+8)+3+1+(1+4)+(4+3)]/2=18,加入队列。

(4) 对队首元素进行扩展(结点 5,lb=15)。

① 结点 9:路径 1→5→2,lb=[2×(3+8)+2+2+(1+4)+(4+3)]/2=19,达到上界,无继续搜索必要,剪枝。

② 结点 10:路径 1→5→3,lb=[2×(3+3)+2+4+(1+4)+(2+7)]/2=16,加入队列。

③ 结点 11:路径 1→5→4,lb=[2×(3+1)+2+4+(3+4)+(2+7)]/2=15,加入队列。

(5) 对队首元素进行扩展(结点 11,lb=15)。

① 结点 12:路径 1→5→4→2,lb=[2×(3+1+9)+2+2+(3+4)]/2=19,剪枝。

② 结点 13:路径 1→5→4→3,lb=[2×(3+1+4)+3+2+(2+7)]/2=15,加入队列。

(6) 对队首元素进行扩展(结点 13,lb=15)。

结点 14：路径 1→5→4→3→2,lb=[2×(3+1+4+7)+2+2]/2=17。结点 14 已是叶子结点,相应路径 1→5→4→3→2→1,其长度为 17。将上界更新为 17,剪去所有 lb≥17 的分支。

(7) 对队首元素进行扩展(结点 10,lb=16)。

① 结点 15：路径 1→5→3→2,lb=[2×(3+3+7)+2+2+(1+4)]/2=18,大于上界,剪枝。

② 结点 16：路径 1→5→3→4,lb=[2×(3+3+4)+1+2+(2+7)]/2=16,加入队列。

(8) 对队首元素进行扩展(结点 16,lb=16)。

结点 17：路径 1→5→3→4→2,lb=[2×(3+3+4+9)+2+2]/2=21。结点 17 已是叶子结点,对应的路径 1→5→3→4→2→1,长度为 21(<17) ,不是最优路径。

搜索结束,最优路径为 1→5→4→3→2→1,长度为 17。

其搜索树如图 7.8 所示。

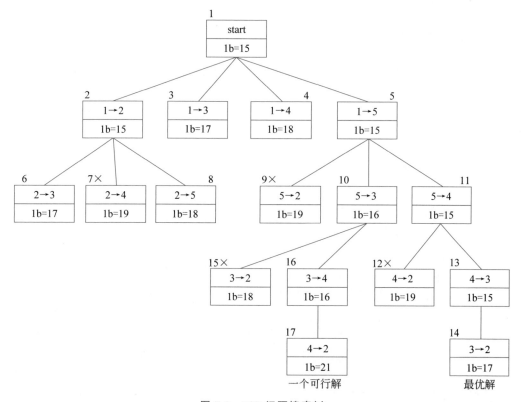

图 7.8 TSP 问题搜索树

7.3.4 作业调度问题

例 7.4 给定 n 个作业的集合 $J=\{J_1,J_2,\cdots,J_n\}$,每个作业都有 3 项任务分别在 3 台机器上完成,作业 J_i 需要机器 M_j 的处理时间为 $\mathrm{Cost}_{(i,j)(1\leqslant i\leqslant n,1\leqslant j\leqslant 3)}$,每个作业必须先由机器 1 处理,再由机器 2 处理,最后由机器 3 处理。批处理作业调度问题要求确定这 n

项作业的最优处理顺序,使得从第 1 个作业在机器 1 上处理开始,到最后一个作业在机器 3 上处理结束所需的时间最少。

作业调度问题示例如表 7.2 所示。

表 7.2 作业调度问题示例

作业	机器		
	M_1	M_2	M_3
J_1	7	8	10
J_2	9	6	4
J_3	5	9	7
J_4	10	7	5

问题求解过程如下。

1. 问题的上界

任意指定一个调度顺序进行调度,可以得到问题的一个可行解,该可行解可以作为问题的上界。

按照 J_1、J_2、J_3、J_4 顺序调度,如图 7.9 所示。

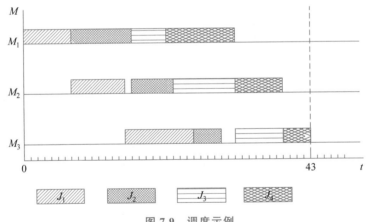

图 7.9 调度示例

该调度完成所需的时间是 ub=43。

2. 下界的计算方法

记 U 为部分调度的作业,sum1 为完成 k 个任务在机器 1 上的处理时间,sum2 为完成 k 个任务在机器 2 上的处理时间。在进行部分调度后,机器最早的完工时间如图 7.10 所示。

用 $i=k+1$ 表示当前处理第 $k+1$ 个任务,此时,下界的计算包括 3 部分。

(1) 机器 1 上的处理时间:sum1=sum1+cost[i][1]。

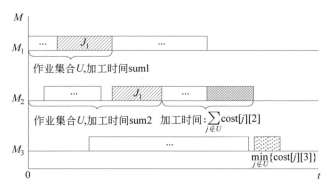

图 7.10　求解作业调度问题下界示意图

（2）机器 2 上的最短处理时间为第 i 个任务结束后，再不间断处理剩余任务：$\text{sum2} = \max(\text{sum1}, \text{sum2}) + \text{cost}[i][2] + \sum_{j \notin U} \text{cost}[j][2]$。

（3）机器 3 上最早完工时间：$\text{sum3} = \text{sum2} + \min_{j \notin U}\{\text{cost}[j][3]\}$，则在调度 $k+1$ 个任务后，机器所需加工时间最少为 lb=sum3。

用结构$\{$结点编号、已调度作业数量 k、部分解向量 $x[1..n]$、sum1、sum2、lb$\}$表示搜索树中的结点，则算法可表示如下。

```
算法：BranchBoundBatchScheduling(cost[][],m,n)
//输入：作业在机器上的加工时间 cost,机器数量 m,作业数量 n
//输出：最优调度
结点编号 cnt←1;最优调度结果 ret←INF
搜索树根结点 root←{cnt,0,[ ],0,0,lb}
利用优先队列实现的待处理结点表 PT←{root}
while PT≠∅ do
    node←弹出队首结点
    if node.k=n-1 then
            直接调度最后一个作业,并计算总的加工时间 sum
    end if
    if sum≤node.lb then
            输出最优值,算法结束
    else if sum>node.lb then
            ub←min (ub,sum)
            ret←min(ret,sum)
    end if
    end if
    for i←1 to n do
        if not scheduled(i) then
            分配数组 x 存放前 k 步调度结果：x=node.x
            k←node.k+1
            x[node.k+1]←i
            计算在完成 k+1 步调度之后的 sum1、sum2、lb
            cnt←cnt+1
            node_new←{cnt,k,x,sum1,sum2,lb}
```

```
                    PT←PT∪{node_new}
            end if
        end for
    end while
```

表 7.2 所示问题的搜索过程如下。

(1) 初始状态,优先队列 PT={(#1,0,[],0,0,0)}。

(2) 获得队首结点#1,此时存在 4 种不同的调度,即分别调度任务 1、任务 2、任务 3 和任务 4,由此扩展 4 个子结点,分别标示为结点#2、#3、#4 和#5。

① 调度 J_1 扩展出结点#2:sum1=7,sum2=15,lb=15+(6+9+7)+4=41,PT={(#2,1,[1],7,15,41)}。

② 调度 J_2 扩展出结点#3:sum1=9,sum2=15,lb=15+(8+9+7)+5=44>43, 执行剪枝。

③ 调度 J_3 扩展出结点#4:sum1=5,sum2=14,lb=14+(8+6+7)+4=39,PT={(#4,1,[3],5,14,39),(#2,7,15,<J_1>,41)}。

④ 调度 J_4 扩展出结点#5:sum1=10,sum2=17,lb=17+(8+6+9)+4=44>43,执行剪枝。

(3) 获得队首结点#4 进度扩展,此时可以产生 3 个新的结点。

① 结点#6:$J_3→J_1$,sum1=5+7=12,sum2=max(sum2,sum1)+8=22,lb=22+(6+7)+4=39,PT={(#6,2,[3,1],12,22,39),(#2,1,[1],7,15,41)}。

② 结点#7:$J_3→J_2$,sum1=5+9=14,sum2=max(sum2,sum1)+6=20,lb=20+(7+8)+5=40,PT={(#6,2,[3,1],12,22,39),(#7,2,[3,2],14,20,40),(#2,1,[1],7,15,41)}。

③ 结点#8:$J_3→J_4$,sum1=5+10=15,sum2=max(sum2,sum1)+7=22,lb=22+(6+8)+4=40,PT={(#6,2,[3,1],12,22,39),(#7,2,[3,2],14,20,40),(#8,2,[3,4],15,22,40),(#2,1,[1],7,15,41)}。

(4) 获得队首结点#6 进度扩展。

① 结点#9:$J_3→J_1→J_2$,sum1=12+9=21,sum2=max(sum2,sum1)+6=28,lb=28+7+5=40,PT={(#7,2,[3,2],14,20,40),(#8,2,[3,4],15,22,40),(#9,3,[3,1,2],21,28,40),(#2,1,[1],7,15,41)}。

② 结点#10:$J_3→J_1→J_4$,sum1=12+10=22,sum2=max(sum2,sum1)+7=29,lb=29+6+4=39,PT={(#10,3,[3,1,4],22,29,39),(#7,2,[3,2],14,20,40),(#8,2,[3,4],15,22,40),(#9,3,[3,1,2],21,28,40),(#2,1,[1],7,15,41)}。

(5) 获得队首结点#10 进度扩展。

结点#11:$J_3→J_1→J_4→J_2$,sum1=22+9=31,sum2=max(sum2,sum1)+6=37,lb=37。该结点是叶子结点,且下界小于 PT 中所有结点的下界,因此,该路径 $J_3→J_1→J_4→J_2$ 是最优路径,搜索结束。

调度问题搜索树如图 7.11 所示。

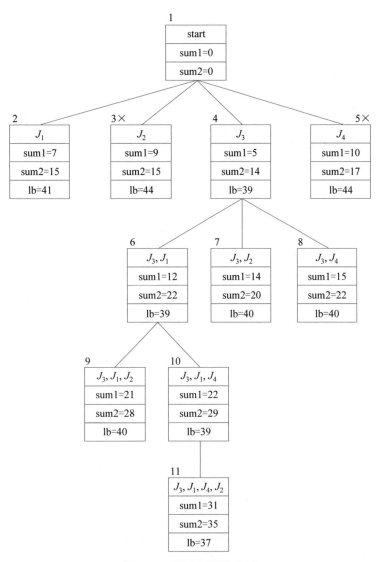

图 7.11 调度问题搜索树

最优调度如图 7.12 所示。

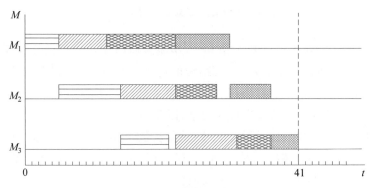

图 7.12 最优调度图

7.4 能力拓展

7.4.1 大富翁游戏

例 7.5 大富翁游戏可以简化为一个从 1 到 n 的棋盘,玩家要求从起始点 1 开始尽快到达终点 n。棋盘中每个点 i 都有一个属性 $cost[i]$($0 \leqslant cost[i] \leqslant 5$),玩家在 i 点掷骰子,掷出的结果为 p($1 \leqslant p \leqslant 6$),则可以走 $p\text{-}cost[i]$ 步。至少要投掷多少次骰子才能从起点到达终点?

给定输入 10 个点,每个点的属性 $cost[i]$ 如图 7.13 所示。

图 7.13 每个点的属性 $cost[i]$

请问至少要掷多少次骰子才能到达 n 点。

求解思路:采用先进先出的分支限界算法,用结构{当前位置 i,跳转次数 k}表示搜索树中的结点,其中跳转次数 k 即为投掷骰子的次数。记当前玩家走到的位置为 i,投掷骰子得到的点数是 p($1 \leqslant p \leqslant 6$),则存在 $6-cost[i]$ 个分支,如图 7.14 所示。

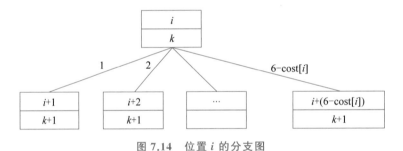

图 7.14 位置 i 的分支图

此处只对 $p\text{-}cost[i] > 0$ 的情况进行分支扩展,而 $p\text{-}cost[i] \leqslant 0$ 的情况则不必要进行搜索,原因如图 7.15 所示。

图 7.15 跳转所能到达位置的示意图

如果跳转 $k-1$ 次到达点 i,则 i 是 $k-1$ 次跳转所能到达的最远位置,所有标示 $k-1$ 的点都已被搜索过。同理,标示 $k-2$ 次跳转的点也已被搜索过,以此类推。这说明当最远走到 i 点时,$1 \sim i$ 的所有点都已经被搜索或者待处理。如果 $p-cost[i] \leqslant 0$,则必然回退到 $1 \sim i$ 中的某个位置,从而造成重复搜索,因此 $p-cost[i] \leqslant 0$ 的分支将被剪枝。

在搜索的过程中,树的每一层结点中跳转的步数是相同的,下层标示的位置由上一层的位置跳转一次到达。当树中的某个结点中的当前位置第一次出现 n,则说明玩家到达终点 n,而且跳动步数最少(投掷骰子次数最少)。

大富翁游戏的分支限界算法如下所示。

```
算法：BranchBoundMonopoly(cost[1..n],n)
//输入：点的数量 n,每个点的属性 cost[1..n]
//输出：最少跳转次数
根结点 root←{1,0}
待处理结点表 PT←{root}
while PT≠∅ do
node←弹出 PT 队首结点
    for i←1 to6 do
        skip←node.k+1
        idx←node.i+i-cost[node.i]
        next←{idx,skip}
        if next.i=n then
            return next.k
        else if next.i<node.i then
            continue
        end if
        PT←PT∪{next}
    end for
end while
```

大富翁问题的搜索树如图 7.16 所示。

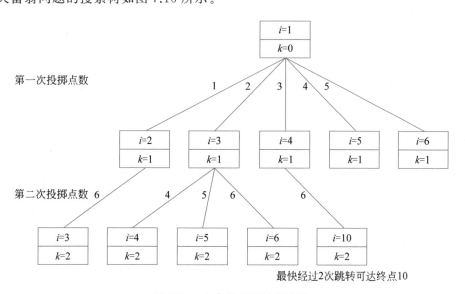

图 7.16　大富翁问题的搜索树

7.4.2 最优装载问题

例 7.6 有一批共 n 个集装箱要装上 2 艘载重量分别为 C_1 和 C_2 的轮船,其中集装箱 i 的质量为 w_i,满足 $w_1+w_2+\cdots+w_n<C_1+C_2$。请判断能否将这 n 个集装箱放进这两艘轮船中。

示例:载重量分别为 $C_1=9$ 和 $C_2=6$ 的船是否能够装载重量为 3、5、2、4 这 4 个集装箱。

问题分析:将载重量为 C_1 的轮船定为 ♯1 轮船、C_2 的轮船定为 ♯2 轮船。问题的求解思路是尽可能将 ♯1 轮船装满后,如果 ♯2 轮船能够装下剩余的集装箱,则问题可解,否则问题无解。

将集装箱尽可能装入 ♯1 轮船是一种特殊的 0-1 背包问题,通过搜索每个集装箱放入(1)或者不放入(0)的两种可能来搜索最优的放入集装箱组合。

记 r 为当前决策集装箱位置之后的所有未装入集装箱质量之和,初始需要决策的是 1 号集装箱,所以初值为 $r=\sum_{i=2}^{n} w_i$。由于该问题的搜索过程是对每个集装箱选择或者放弃进行分支,因此,搜索树是一个子集树。子集树的第 i 层是不同的状态下对第 i 个集装箱的决策,如图 7.17 所示。

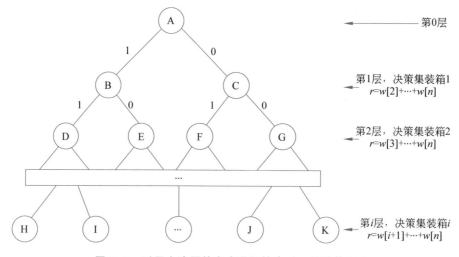

图 7.17 以层序遍历的方式进行搜索时 r 的计算方法

因此,当第 i 层搜索完毕后,执行 $r=r-w[i+1]$,标示所有未被搜索的集装箱质量之和。所以,搜索的顺序要按照层序遍历进行。

记 Ew 为已装入集装箱质量之和,因此目标函数的上界 ub=Ew+r,当前最优装载重量 best=0。

最优装载问题的分支限界法可描述如下。

算法：OptimalLoad(w[1..n],int C_1,int C_2,int n)
//输入：集装箱集合 w,轮船 1 的载重量 C_1,轮船 2 的载重量 C_2,集装箱数量 n
//输出：是否可以装载
先进先出队列 Q←{-1}   //-1 为每层结束标志
当前决策集装箱编号 i←1
当前结点已装入集装箱质量之和：loaded←0
下界：best←0
剩余未决策的集装箱质量之和：$r \leftarrow \sum_{i=2}^{n} w[i]$

```
while true do
    t←loaded+w[i]
    ub←r+t
    if t≤c1 then
        if t>best then
            best=t
            if best=C1 then 退出搜索 end if
        end if
        if i>n then
            Q←Q∪{t}
        end if
    end if
        if ub>best and i<n then
            Q←Q∪{t}
        end if
        loaded←弹出队首元素
        if loaded=-1 then
if Q=∅ then  退出循环 end if
            Q←Q∪{-1}
            loaded←弹出队首元素
            i←i+1
            r←r-w[i]
        end if
end while
if loaded+c2 ≥ $\sum_{i=1}^{n} w[i]$ then
    输出 True
else
    输出 False
end if
```

最优装载问题搜索树如图 7.18 所示。

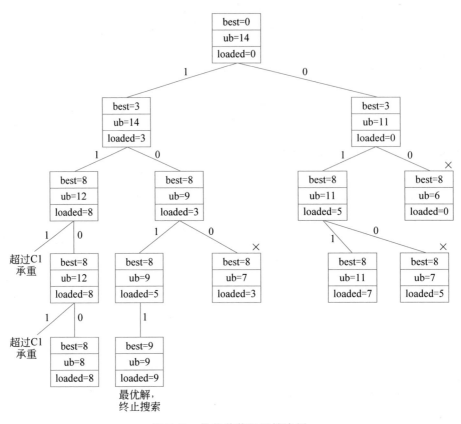

图 7.18 最优装载问题搜索树

 习   题

1. n 皇后问题

如何能够在 $n \times n$ 的国际象棋棋盘上放置 n 个皇后,使得任何一个皇后都无法直接吃掉其他皇后?为了达到此目的,任两个皇后都不能处于同一条横行、纵行或斜线上。给出棋盘大小 n,请输出一个解。

输入描述:第一行一个整数 n。

输出描述:一行,n 个整数,第 i 个整数表示第 i 个皇后在第 i 行的第几列。

样例输入:

```
8
```

样例输出:

```
15863724
```

2. 八数码问题

在九宫格里放在 1~8 共 8 个数字还有一个是空格,与空格相邻的数字可以移动到空格的位置,问给定的状态最少需要几步能到达目标状态(用 0 表示空格):

```
1 2 3
4 5 6
7 8 0
```

输入描述:输入一个给定的状态。例如:

```
1 0 3
4 5 6
7 8 2
```

输出描述:输出到达目标状态的最小步数。不能到达时输出 -1。

样例输入:

```
103
456
782
```

样例输出:

```
11
```

3. 分配问题

任务分配问题要求把 n 个任务分配给 n 个人,每个人完成每项任务的成本不同,要求分配总成本最小的分配方案。

输入描述:

第一行一个整数 n。

第二行至第 $n+1$ 行,每行 n 个整数代表每个人在每项任务的成本。

样例输入:

```
4
9 2 7 8
6 4 3 7
5 8 1 8
7 6 9 4
```

样例输出:

```
13
```

4. 马走日

小 P 和小 C 在玩国际象棋,直到最后,小 P 和小 C 就都只剩下一匹马,众所周知马走日。小 P 和小 C 想要知道至少要多少步两匹马才能相遇。假设棋盘充分大,并且坐标可以为负数。现在请你求出从点 p 到点 c 至少需要多少步。

输入描述:第一行 4 个整数分别为(px,py)、(cx,cy)分别代表开始时小 p 和小 c 的马所在的坐标。

输出描述:一行一个整数代表最少步数。

数据范围:$0 \leqslant px, py, cx, cy \leqslant 300$。

样例输入:

```
1 1 3 3
```

样例输出:

```
4
```

5. 寻宝之路

小 P 逍遥江湖想要寻宝,寻宝之路可以看成一个有向图,小 P 从 S 出发想要到达 T 点。给出有向图信息,小 P 想要知道从 S 出发到达 T 第 k 小路径是多少。

输入描述:

第一行 5 个整数表示读入点数 n,边数 m、k,起点 S,终点 T。

第二行至第 $m+1$ 行每行 3 个整数 u、v、c 表示有一条由 u 出发到 v 长度为 c 的边。

输出描述:一行,一个整数代表小 P 从 S 出发到达 T 的第 k 小路径。

样例输入:

```
4 6 2 1 4
1 2 1
2 3 1
3 4 1
1 3 3
1 4 4
2 4 3
```

样例输出:

```
4
```

第 8 章 动态规划

8.1 概述

动态规划(Dynamic Programming,DP)是运筹学的一个分支,是求解决策过程最优化的有效方法。20 世纪 50 年代初,美国数学家 R. Bellman 等人在研究多阶段决策过程的优化问题时,提出了著名的最优化原理,从而创立了动态规划。动态规划的应用包括工程技术、经济、工业生产、军事以及自动化控制等广泛领域,在背包问题、资源分配问题、最短路径问题等中取得了显著的成果。

动态规划适用于求解多阶段决策问题,此类问题的活动过程可以分为若干个互相联系的阶段问题,在每一个阶段都需做出决策,从而就完全确定了一个过程的活动路线。各个阶段的决策构成一个决策序列,称为一个策略。每个阶段存在多个决策供选择,最终得到求解问题的策略空间。多阶段决策问题,就是要在策略空间中选取一个最优策略,使在预定的标准下达到最好的效果。

8.2 动态规划算法设计规则

动态规划算法的基本思想是将待求解的问题分解为若干个子问题,依次解决各子问题,直到推出原问题的解。

适用动态规划求解的问题的一般需要具有如下 3 个性质。

1. 最优化原理

一个最优化策略的子策略总是最优的,子问题的最优解构成原问题最优解。满足最优化原理的问题称具有最优子结构性质。

2. 无后效性

在按阶段求解问题的过程中,前一阶段的状态无法直接影响后续的决策。

3. 子问题的重叠性

动态规划所处理的问题一般由初始状态开始,通过对中间阶段决策的选择,达到结束状态。在求解过程中,往往需要重复求解相同的子问题,即存在子问题重叠性。为了避免重复计算,用一个表来记录已求解子问题的答案,后续子问题求解时通过查表完成。

动态规划算法设计时要遵循如下步骤。

(1) 问题划分:按照问题的时间或空间特征,把问题分为若干个阶段。

(2) 确定状态和状态变量:用不同的状态表示问题在各个阶段时所处的客观情况。

(3) 确定状态转移方程:根据前阶段的状态和决策来表示本阶段的状态,通过状态转移方程表示状态转移。

(4) 寻找边界条件:确定状态转移方程递推的终止条件或边界条件。

8.3 动态规划算法问题求解

8.3.1 0-1 背包问题

例 8.1 限定背包能够承受的质量 $C=5$、物品数量 $n=4$,物品的质量和价值如表 8.1 所示,求问题的最优解。

表 8.1 物品的质量和价值

编号	质量	价值
1	1	2
2	2	4
3	3	4
4	4	5

问题分析:已知背包问题是 NP 问题,解空间随着问题规模指数增长,问题的复杂度高。求解背包问题面临对每个物品进行选择与否的决策,按蛮力法进行求解状态空间增长速度快。如果用{背包剩余容量,背包中物品价值}表示背包状态,对于 1 号物品的决策可以通过图 8.1 进行表示。

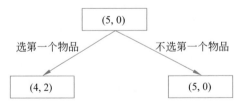

图 8.1 对 1 号物品的决策

如果对于每一个物品进行选择,则可以得到图 8.2 所示的状态空间树。

显然,背包问题难以通过穷举法进行有效求解。通过图 8.2 可知,该问题的求解存在子问题重叠,可以考虑使用其他方法进行求解。

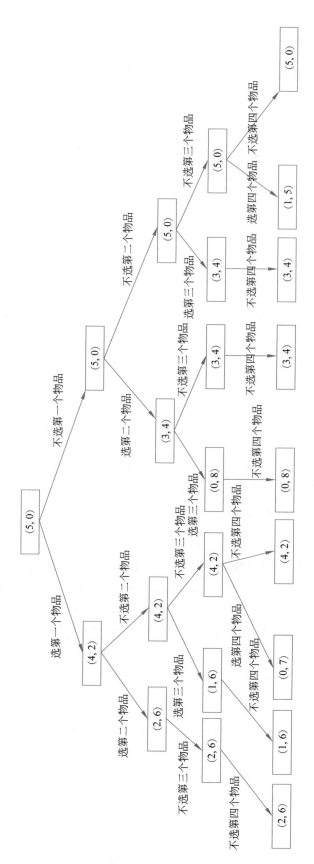

图 8.2 背包问题求解的状态空间

1. 使用递推、记忆化搜索方法

该方法需要对问题进行抽象并建模,将其划为更小的问题,找到递推式,逐步求解,最后求出答案。

考虑第一个物品的决策:假设选择第一个物品可以更优,那么需要对剩下的 $n-1$ 个物品进行决策,此时,背包剩余质量为 $C-w[1]$,原问题转化为求解 $C=C-w[1]$、$n=n-1$ 的子背包问题;假设不选择更优,那么问题转化为求解背包容量为 C、$n=n-1$ 的子背包问题。

对于剩下的 $n-1$ 个物品也进行同样的决策,可以按深度优化策略设计如下算法。

```
int dfs(int pos,int C) {
    if(pos > N) return 0;
    if(dp[pos][C] != -1) return dp[pos][C];
    int ans = 0;
    for(int i = 0; i <= 1; i++) {
        if(C >= i * w[pos]) {
            ans = max(ans, dp[pos +1][C -i * w[pos]] +v[pos]);
        }
    }
    dp[pos][C] = ans;
    return ans;
}
```

这个算法的时间复杂度是 $O(nC)$。因为该算法对状态进行了记录,所以对于重复的状态就不会重复计算,算法性能有显著提升。

2. 动态规划法求解背包问题

(1) 设 $dp[i][j]$ 表示子问题 $n=i$、$C=j$ 的最优解。

(2) 状态转移方程:如果选择第 i 个物品,此时的背包容量是 j,而前 $i-1$ 个物品决策占用的背包容量是 $j-w[i]$,所以当前状态是从状态 $dp[i-1][j-w[i]]$ 转移过来的。如果此时不选择第 i 个物品,则状态仍然是前 $i-1$ 个物品的决策结果,占用背包容量 j,即状态 $dp[i-1][j]$。综上两种情况,背包问题的转移方程如式(8-1)所示:

$$dp[i][j] = \max(dp[i-1][j], dp[i-1][j-w[i]] + v[i]) \qquad (8\text{-}1)$$

求解过程如下。

	0	1	2	3	4	5
	0	0	0	0	0	0
物品1	0					
物品2	0					
物品3	0					
物品4	0					

图 8.3 背包问题初始化

1) 初始化

如果是求最大值的问题,可以先将所有的状态都初始化为一个最小值;如果是求最小值问题,则可以先将所有的状态都初始化为一个最大值,然后再将一些不需要经过转移就已知的状态进行初始化。问题示例可以根据图 8.3 进行初始化。

2）确定遍历的顺序

根据初始化的表格，可以看出有两个遍历的维度，分别是物品和背包的剩余容量，先遍历物品或者先遍历背包容量都是合法的遍历顺序。

3）递推过程

决策第一个物品，$w[1]=1,v[1]=2$，dp 的转移如图 8.4 所示。

决策第二个物品，$w[2]=2,v[2]=4$，dp 的转移如图 8.5 所示。

	0	1	2	3	4	5
	0	0	0	0	0	0
物品1	0	2	2	2	2	2
物品2	0					
物品3	0					
物品4	0					

图 8.4 决策物品 1 的状态转移过程

	0	1	2	3	4	5
	0	0	0	0	0	0
物品1	0	2	2	2	2	2
物品2	0	2	4	6	6	6
物品3	0					
物品4	0					

图 8.5 决策物品 2 的状态转移过程

决策第三个物品，$w[3]=3,v[3]=4$，dp 的转移如图 8.6 所示。

决策第四个物品，$w[4]=4,v[4]=5$，dp 的转移如图 8.7 所示。

	0	1	2	3	4	5
	0	0	0	0	0	0
物品1	0	2	2	2	2	2
物品2	0	2	4	6	6	6
物品3	0	2	4	6	6	8
物品4	0					

图 8.6 决策物品 3 的状态转移过程

	0	1	2	3	4	5
	0	0	0	0	0	0
物品1	0	2	2	2	2	2
物品2	0	2	4	6	6	6
物品3	0	2	4	6	6	8
物品4	0	2	4	6	6	8

图 8.7 决策物品 4 的状态转移过程

完整的递推过程代码如下。

```
for(int i=0;i<=C;i++) dp[0][i] = 0;
//先遍历物品,再遍历背包容量
for(int i=1;i<=N;i++){
    for(int j=0;j<=C;j++){
        if(j >= w[i]) dp[i][j] = max(dp[i-1][j],dp[i-1][j-w[i]]+v[i]);
        else dp[i][j] = dp[i-1][j];
    }
}
```

根据转移方程式(8-1)，容易发现表中第 i 行状态只与第 $i-1$ 行状态相关，可以考虑把 dp 数组优化成 2 行的矩阵，如图 8.8 所示。

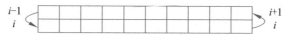

图 8.8 将 $n \times C$ 矩阵压缩为 $2 \times C$ 的空间

第一行代表 $i-1$ 个物品决策后得到的状态,第二行表示第 i 个物品的决策,其状态可以仅由第一行状态计算得到。当第 i 个物品决策完毕后,第二行的状态可以决定第一行的状态。因此,可以根据 i 的奇偶性来交替使用,核心代码如下所示。

```
for(int i=1;i<=N;i++){
  for(int j=0;j<=C;j++){
    if(j >= w[i]) dp[i&1][j] = max(dp[(i-1)&1][j],dp[(i-1)&1][j-w[i]]+v[i]);
    else dp[i&1][j] = dp[(i-1)&1][j];
  }
}
```

在图 8.8 中 $2\times C$ 维数组基础上根据式(8-1)可知,dp[1][j] 的计算仅与 dp[0][j] 和 dp[0][$j-w[i]$] 有关,如果将两行数据合并为一行数据,用 dp[j] 表示前 $i-1$ 个物品、背包容量为 j 的子问题的最优解,则状态转移矩阵可以用图 8.9 表示。

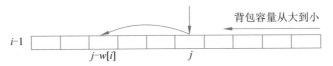

图 8.9 将 $2\times C$ 的空间压缩为 $1\times C$ 的空间

图 8.9 表明第 i 行的 dp[j] 的计算仅与第 $i-1$ 行的 dp[j] 和 dp[$j-w[i]$] 相关。假设一维数组中的数据是前 $i-1$ 个物品子问题的求解结果,则在决策第 i 个物品时存在两种决策顺序。如果按照背包容量从小到大的顺序进行决策,由于 $j-w[i]<j$,则 dp[$j-w[i]$] 的值要先于 dp[j] 被计算,如果在计算过程中 dp[$j-w[i]$] 的值被修改(不再是 $i-1$ 行的数据)则将导致 dp[j] 的计算结果错误;相反,如果背包容量从大到小的顺序来填充 dp[j],则在位置 j 左方的表格都保持原来的数据(仍然为 $i-1$ 行的数据),由此得到的 dp[j] 中数据则是正确的。当表格内容被填充完毕,即求得前 i 个物品子问题的求解结果。依此类推,最终可以求得原问题的解。

由此可见,背包问题的状态转移矩阵可以进一步压缩为一维数组。在一维数组表示下,状态转移方程如式(8-2)所示:

$$\mathrm{dp}[j] = \begin{cases} \mathrm{dp}[j], & j < w[i] \\ \max(\mathrm{dp}[j], \mathrm{dp}[j-w[i]]+v[i]), & j \geqslant w[i] \end{cases} \tag{8-2}$$

核心代码如下。

```
//先遍历物品,再遍历背包容量
    for(int i=1;i<=N;i++){
        for(int j=C;j>=w[i];j--){
            dp[j] = max(dp[j],dp[j-w[i]]+v[i]);
        }
    }
```

8.3.2 最长公共子序列

例 8.2 最长公共子序列(Longest Common Subsequence,LCS)：给定两个字符串 s 和 t，求既是 s 的子序列又是 t 的子序列的最长子序列长度是多少。

示例：求 $s=$ "abccbcac"、$t=$ "accabbcc"的 LCS。

示例的一个 LCS 如图 8.10 所示。

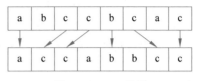

图 8.10 LCS 示例

在介绍问题求解之前先举例区分一下子序列、子串(子数组)、子集。假设有一个数组为[1,2,3,4,5,6]，那么删除这个数组的一部分元素，得到的就是子序列，如[1,3,5]，但是如果数的顺序发生改变就不是子序列，如[3,5,1]这个就不是子序列。

如果删除开头若干个数和结尾若干个数，得到的就是子数组，如果一个串删除开头若干个字符和结尾若干个字符，那么得到的就是子串，如[2,3,4]。序列改变或者下标不是连续的，都不是子数组，如[2,4,5]就不是子数组。

只要集合中所有的数都在数组中存在，那么这个集合就是数组的子集，如[2,6,1]。如果集合存在数组中没有的数，那么这个集合就不是数组的子集，如[2,7,1]就不是子集。

使用深度优先 DFS 进行搜索，LCS 的蛮力解法如下所示。

```
const int maxn = 2e3 +10;
char s[maxn],t[maxn];
bool check(string cur) {
    int len = strlen(t+1), j = 0, m = cur.size();
    if(m == 0) return true;
    for(int i = 1; i <= len; i++) {
        if(cur[j] == t[i]) {
            j++;
            if(j >= m) return true;
        }
    }
    return false;
}
int dfs(string cur,int pos) {
    int ans = 0;
    if(check(cur)) ans = cur.size();
    int len = strlen(s +1);
    for(int i = pos; i <= len; i++) {
        ans = max(ans, dfs(cur +s[i], i +1));
    }
    return ans;
}
```

对一个序列使用 DFS 求出所有的子序列，然后将这个子序列拼接的串和另一个串进行匹配，可以得到问题的解。如果一个串的大小是 n，那么求子序列的复杂度是 $O(2^n)$，很明显这个时间复杂度太高,不宜直接使用蛮力法进行求解。

对于 LCS 问题,可以考虑使用动态规划法进行求解。设 $dp[i][j]$ 表示子 LCS 问题 $s[1..i]$ 和 $t[1..j]$ 的最长公共子序列的长度,则求解 LCS 问题的递推公式为:

当 $s[i]=t[j]$ 时,子 LCS 问题 $dp[i][j]$ 的结果是子问题 $s[1..i-1]$ 和 $t[1..j-1]$ 的最长公共子序列的末尾加上 $s[i]$;否则,分别求 $s[1..i]$ 和 $t[1..j-1]$ 的最长公共子序列和 $s[1..i-1]$ 和 $t[1..j]$ 的最长公共子序列。

三者中最长的公共子序列 LCS 即为子问题 $dp[i][j]$ 的解,由此得到如下状态转移方程:

$$dp[i][j] = \begin{cases} dp[i-1][j-1]+1, & s[i]=t[j] \\ \max(dp[i-1][j], dp[i][j-1]), & s[i]!=t[j] \end{cases} \quad (8-3)$$

LCS 的求解过程主要包括如下 3 个步骤。

1. dp 数组的初始化

初始化与 s 串和 t 串无关的状态。因为 $dp[i][0]$ 表示 s 的前面 i 个字符和 t 串的 0 个字符进行匹配,那么很明显最长公共子序列是 0,同理可得:$dp[0][j]=0$。

初始化代码如下。

```
for(int i=1;i<=n;i++){
    for(int j=1;j<=m;j++){
        dp[i][j] = -inf;
    }
}
for(int i=0;i<=n;i++) dp[i][0] = 0;
for(int j=0;j<=m;j++) dp[0][j] = 0;
```

初始化状态如图 8.11 所示。

	s串	a	b	c	c	b	c	a	c
t串	0	0	0	0	0	0	0	0	0
a	0								
c	0								
c	0								
a	0								
b	0								
b	0								
c	0								
c	0								

图 8.11 LCS 示例问题初始状态

2. 确定遍历顺序

对于 $dp[i][j]$ 的转移方程如式(8-3)所示。在计算状态 (i,j) 之前,$(i-1,j-1)$ 的状态、$(i-1,j)$ 的状态和 $(i,j-1)$ 的状态已存在。如果先枚举 i 再枚举 j,那么只需要保证 i 从小到大即可,j 的枚举顺序从大到小或者从小到大都可以。

3. 举例推导 dp 数组

按照先遍历 t 串再遍历 s 串的顺序来填充 dp 数组。因为 $t[1]=$ 'a',与 $s[1]$ 以及 $s[7]$ 相等,所以这两个状态由左上角的状态得到。其他的状态都是从上面的状态或者左边的状态得到,也就是如下图 8.12 所示的状态。

t串\\$s$串		a	b	c	c	b	c	a	c
	0	0	0	0	0	0	0	0	0
a	0	1	1	1	1	1	1	1	1
c	0								
c	0								
a	0								
b	0								
b	0								
c	0								
c	0								

图 8.12 第一行状态计算过程

同理,第二行状态可依图 8.13 进行计算得到。

t串\\$s$串		a	b	c	c	b	c	a	c
	0	0	0	0	0	0	0	0	0
a	0	1	1	1	1	1	1	1	1
c	0	1	1	2	2	2	2	2	2
c	0								
a	0								
b	0								
b	0								
c	0								
c	0								

图 8.13 第二行状态计算过程

以此类推,最终求得所有状态,如图 8.14 所示。

t串\\$s$串		a	b	c	c	b	c	a	c
	0	0	0	0	0	0	0	0	0
a	0	1	1	1	1	1	1	1	1
c	0	1	1	2	2	2	2	2	2
c	0	1	1	2	3	3	3	3	3
a	0	1	1	2	3	3	3	4	4
b	0	1	2	2	3	4	4	4	4
b	0	1	2	2	3	4	4	4	4
c	0	1	2	3	3	4	5	5	5
c	0	1	2	3	4	4	5	5	6

图 8.14 示例问题状态矩阵

右下角元素 6 即为序列 s 与 t 的最长公共子序列的长度。

完整的代码如下。

```
const int inf = 0x3f3f3f3f;
const int maxn = 2e3 +10;
int dp[maxn][maxn];
char s[maxn],t[maxn];
int main(){
    scanf("%s%s",s+1,t+1);
    int n = strlen(s+1),m = strlen(t+1);
    for(int i=1;i<=n;i++){
        for(int j=1;j<=m;j++){
            dp[i][j] = -inf;
        }
    }
    for(int i=0;i<=n;i++) dp[i][0] = 0;
    for(int j=0;j<=m;j++) dp[0][j] = 0;
    for(int i=1;i<=n;i++){
        for(int j=1;j<=m;j++){
            if(s[i] == t[j]) dp[i][j] = dp[i-1][j-1]+1;
            else dp[i][j] = max(dp[i][j-1],dp[i-1][j]);
        }
    }
    printf("%d\n",dp[n][m]);
    return 0;
}
```

拓展：输出一种 LCS 的构造方案（任意一种就行）。

根据状态转移方程式(8-3)，按照如下 3 种情况从最右下角的元素开始往回推导。

(1) 如果 $dp[i][j] = dp[i-1][j-1]+1$，说明 $s[i] = t[j]$，$dp[i][j]$ 由子问题 $dp[i-1][j-1]$ 得到。

(2) $dp[i][j] = dp[i-1][j]$，说明 $dp[i][j]$ 由子问题 $dp[i-1][j]$ 得到。

(3) $dp[i][j] = dp[i][j-1]$，说明 $dp[i][j]$ 由子问题 $dp[i][j-1]$ 得到。

根据这 3 条从最右下角元素往回推，直到左上角，得到的路径即为构成 LCS 的元素。示例所示问题的公共子序列为 accbcc，如图 8.15 所示。

s串		a	b	c	c	b	c	a	c
t串	0	0	0	0	0	0	0	0	0
a	0	1	1	1	1	1	1	1	1
c	0	1	1	2	2	2	2	2	2
c	0	1	1	2	3	3	3	3	3
a	0	1	1	2	3	3	3	4	4
b	0	1	2	2	3	4	4	4	4
b	0	1	2	2	3	4	4	4	4
c	0	1	2	3	3	4	5	5	5
c	0	1	2	3	4	4	5	5	6

图 8.15 确定 LCS 的构造方案

完整的求 LCS 代码如下。

```
string ans = "";
int x = n,y = m;
while(x>0&&y>0){
    if(dp[x][y] == dp[x-1][y-1]+1){
        ans = s[x] +ans;
        x --,y--;
    }
    else if(dp[x][y] == dp[x-1][y]) x--;
    else y--;
}
cout<<ans<<endl;
```

8.3.3 最长上升子序列

例 8.3 最长上升子序列(Longest Increasing Subsequence,LIS)就是在给定序列中求出一段严格上升的子序列(不一定要连续)。给定一个长度为 n 的数列 a,求数值严格单调递增的子序列的长度最长是多少。

示例：求 $n=7$、$a=\{3,1,2,1,8,5,6\}$ 的 LIS。

使用动态规划求解 LIS 的过程如下。

1. 确定 dp 数组以及下标的含义

设 $dp[i]$ 表示以 $a[i]$ 结尾的最长的上升子序列的长度。根据 dp 的定义,最终结果应该是 dp 数组中的最大值,代码如下所示。

```
int ans = 1;
for(int i=1;i<=n;i++){
    ans = max(ans,dp[i]);
}
printf("%d\n",ans);
```

2. 确定递推公式

$dp[i]$ 表示以 $a[i]$ 结尾的最长上升子序列的长度。假设在确定 $dp[1..4]$ 后,$dp[5]$ 的计算需要遍历 $[1,4]$ 这个区间,找到所有的 j,满足 $a[j]<a[i]$,那么 $dp[i]=\max(dp[j]+1)$。

所以状态转移方程如式(8-4)所示。

$$dp[i] = \max(1,dp[j]) + (j < i \,\&\&\, a[j] < a[i]) \tag{8-4}$$

核心代码如下所示。

```
for(int i=1;i<=n;i++){
    for(int j=1;j<i;j++){
        if(a[i]>a[j]) dp[i] = max(dp[i],dp[j]+1);
    }
}
```

3. dp 数组初始化

把 dp 数组初始化为最小值，因为对于每一个位置最小的最长上升子序列的长度是 1，所以初始化为 1，dp[0]=0。

初始化代码如下所示。

```
dp[0] = 0;
for(int i=1;i<=n;i++) dp[i] = 1;
```

初始化的 dp 数组状态如图 8.16 所示。

4. 确定遍历的顺序

根据 dp 的状态转移方程式(8-4)可知 dp[i] 和前面的状态 dp[j] 有关，因此求 dp[i] 之前需要先知道 dp[j]，所以枚举 i 的顺序从小到大，j 的顺序从大到小和从小到大都可以。

5. 举例推导 dp 数组

LIS 问题的初始状态如图 8.17 所示。

图 8.16 LIS 的初始状态

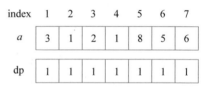

图 8.17 LIS 示例问题的初始状态

开始遍历 $i=1$，$a[1]=3$，此时没有任何变化。
$i=2$，$a[2]=1$，因为 $a[1]>a[2]$，所以没有更新。
$i=3$，$a[3]=2$，因为 $a[2]<a[3]$，所以 dp[3]=2，状态如图 8.18 所示。
以此类推，得到最后的 dp 状态如图 8.19 所示。

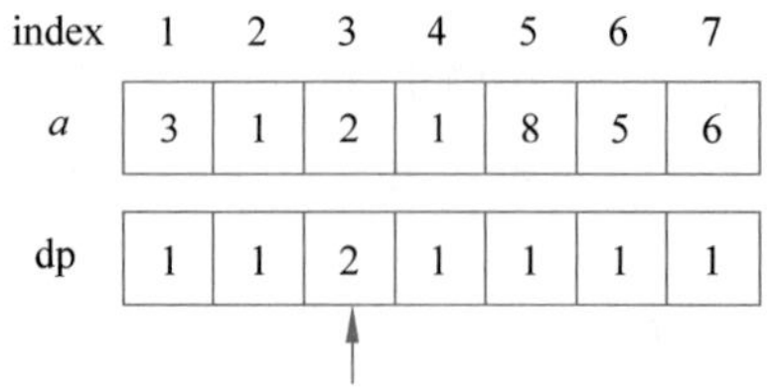

图 8.18 LIS 状态转移计算示例

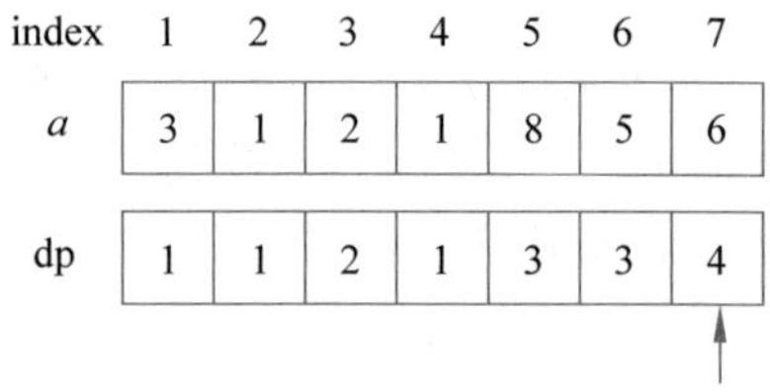

图 8.19 LIS 示例问题的最终状态

示例所示问题的最长上升子序列为 4。
完整代码如下。

```
const int inf = 0x3f3f3f3f;
const int maxn = 1e4 +10;
int dp[maxn],a[maxn];
int main(){
    int n;
    scanf("%d",&n);
    for(int i=1;i<=n;i++) scanf("%d",&a[i]);
    dp[0] = 0;
    for(int i=1;i<=n;i++) dp[i] = 1;
    for(int i=1;i<=n;i++){
        for(int j=1;j<i;j++){
            if(a[i]>a[j]) dp[i] = max(dp[i],dp[j]+1);
        }
    }
    int ans = 1;
    for(int i=1;i<=n;i++){
        ans = max(ans,dp[i]);
    }
    printf("%d\n",ans);
    return 0;
}
```

LIS 问题可以采用二分优化解法进行算法优化。对于前面 i 个数,如果已经求出了长度为 len 的一个最长上升子序列,那么希望这个序列的末尾值越小越好,因为值越小最后得到的 LIS 就可能越长。

1) 确定 dp 数组以及下标的含义

按照贪心的思路,设 $dp[i]$ 表示长度为 i 的 LIS 结尾元素的最小值。

2) 确定递推公式

假设枚举到 i,此时的 LIS 最长为 len,接下来判断 $a[i]$ 是否大于 $dp[len]$,如果大于则把 $a[i]$ 放入 $dp[len+1]$ 这个位置,len$+$=1。如果小于或等于则找 dp 数组的第一个比 $a[i]$ 要大的位置,假设该位置是 j,则置 $dp[j]=a[i]$。由于 $dp[j]$ 表示长度为 j 的 LIS 结尾元素的最小值,枚举到 $a[i]$ 之后的最小值是 $a[i]$,而不是之前的 $dp[j]$,所以需要进行更新。由于 dp 具有单调性,可以利用二分查找确定 j 的位置。

3) dp 数组初始化

将第 0 个位置初始化为 $-$inf。

4) 确定遍历的顺序

因为这个是求的最长上升子序列,顺序不能改变,所以是从前往后枚举 a 数组。

5) 举例推导 dp 数组

$i=1,a[1]=3$,此时的状态是 $dp[1]=a[1]=3$,如图 8.20 所示。

$i=2,a[2]=1$,此时的状态是 $dp[1]=a[2]=1$,如图 8.21 所示。

$i=3,a[3]=2$,此时的状态是 $a[3]>dp[1]$,所以 $dp[2]=2$,如图 8.22 所示。

$i=4,a[4]=1$,此时的状态没有任何改变,如图 8.23 所示。

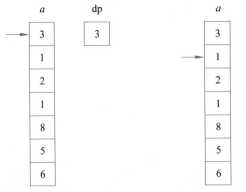

图8.20 $i=1, a[1]=3$　　　　图8.21 $i=2, a[2]=1$

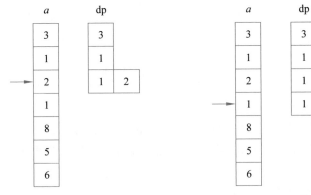

图8.22 $i=3, a[3]=2$　　　　图8.23 $i=4, a[4]=1$

$i=5, a[5]=8, a[5] > dp[2]$，所以 $dp[3]=a[5]=8$，如图8.24所示。

$i=6, a[6]=6, a[6] < dp[3]$，但是可以更新 $dp[3]=5$，如图8.25所示。

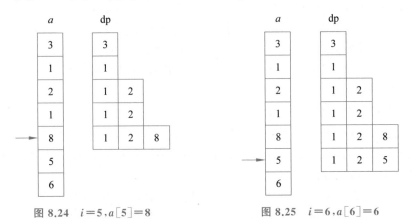

图8.24 $i=5, a[5]=8$　　　　图8.25 $i=6, a[6]=6$

$i=7, a[7]=6, a[7] > dp[3]$，所以 $dp[4]=6$，如图8.26所示。

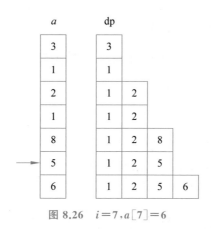

图 8.26 $i=7, a[7]=6$

完整代码如下。

```
const int inf = 0x3f3f3f3f;
const int maxn = 1e4 +10;
int dp[maxn],a[maxn];
int main() {
    int n;
    scanf("%d", &n);
    for(int i = 1; i <= n; i++) scanf("%d", &a[i]);
    dp[0] = -inf;
    int ans = 0;
    for(int i = 1; i <= n; i++) {
        if(a[i] > dp[ans]) {
            ++ans;
            dp[ans] = a[i];
        } else {
            int l = 1, r = ans, res = 0;
            while(l <= r) {
                int mid = (l +r) >> 1;
                if(dp[mid] >= a[i]) {
                    res = mid;
                    r = mid -1;
                } else l = mid +1;
            }
            dp[res] = a[i];
        }
    }
    printf("%d\n",ans);
    return 0;
}
```

8.3.4 字符串相似度/编辑距离

例8.4 设 A 和 B 是两个字符串,求将字符串 A 转换为字符串 B 的最少操作次数。字符操作共有如下3种。

(1) 删除一个字符。

(2) 插入一个字符。

(3) 将一个字符改为另一个字符。

如 $A=$"sfdqxbw"、$B=$"gfdgw",求编辑距离。

示例问题解释如图8.27所示。

图8.27 字符编辑问题示例

以"name"和"ianmna"举例,可以通过3种操作进行字符编辑。

(1) 在"inmna"最后插入"e",此时的操作数是"nam"到"ianmna"的操作数量+1。

(2) 删除"inmna"中的"a",此时的操作数就是"name"到"ianmn"的操作数量+1。

(3) 替换"inmna"中的"a"为"e",此时的操作数就是"nam"和"ianmn"的操作数量+1。

接下来按照如下步骤来进行问题求解。

1. 确定 dp 数组以及下标的含义

设 $dp[i][j]$ 表示 A 字符串前 i 个字符变为字符串 B 前 j 个字符的最小操作数。

2. 确定递推公式

子问题的递推关系要按照题目给定3种操作进行,分别是删除、替换、插入。对应3种转移方案如下。

(1) 删除 $A[i]$,计算 $A[1..i-1]$ 和 $B[1..j]$ 的编辑距离。

(2) 将 $A[i]$ 替换成 $B[j]$,计算 $A[1..i-1]$ 和 $B[1..j-1]$ 的编辑距离。

(3) 在 $A[i]$ 后面插入一个 $B[j]$,计算 $A[1..i]$ 和 $B[1..j-1]$ 的编辑距离。

对于这3种方案,找出其中操作最少的一个方案进行转移即可,状态转移方程如式(8-5)所示。

$$dp[i][j] = \begin{cases} dp[i-1][j]+1 \\ dp[i][j-1]+1 \\ dp[i-1][j-1]+1 \end{cases} \quad (8-5)$$

式(8-5)针对 $A[i]$ 和 $B[j]$ 不相等的情况。如果 $A[i]$ 和 $B[j]$ 相等,则不需要替换这个操作,所以一共有两种情况。

(1) 当 $A[i]!=B[j]$ 时可以选择替换、删除或者插入操作。

(2) 当 $A[i]=B[j]$ 时不需要进行任何操作。

最终的递推关系如式(8-6)所示：

$$dp[i][j]=\begin{cases} dp[i-1][j-1], & A[i]=B[j] \\ 1+\min\begin{cases} dp[i-1][j] \\ dp[i][j-1] \\ dp[i-1][j-1] \end{cases} & A[i]!=B[j] \end{cases} \tag{8-6}$$

3. dp 数组初始化

因为问题是求解最小值，所以先将状态矩阵初始化为一个最大值。然后把与字符串无关的状态初始化，即 $dp[i][0]=i, dp[0][j]=j$。初始化代码如下所示。

```
for(int i=1;i<=n;i++){
    for(int j=1;j<=m;j++){
        dp[i][j] = inf;
    }
}
for(int i=0;i<=n;i++) dp[i][0] = 0;
for(int j=0;j<=m;j++) dp[0][j] = 0;
```

初始化的 dp 状态如图 8.28 所示。

B字符串	A字符串	s	f	d	q	x	b	w
	0	1	2	3	4	5	6	7
g	1							
f	2							
d	3							
g	4							
w	5							

图 8.28　编辑问题状态初始化

4. 确定遍历的顺序

根据 dp 的状态转移方程式(8-6)可知，(i,j) 的状态是由 3 种状态 $(i-1,j-1)$、$(i-1,j)$、$(i,j-1)$ 其中之一转移过来的，所以需要从小到大枚举 i 和 j。

5. 举例推导 dp 数组

枚举 $B[1]$，因为 A 字符串中没有任何一个位置的字符和 $B[1]$ 相同，所以 dp 状态如图 8.29 所示。

枚举 $B[2]$，因为 A 字符串 $A[2]$ 的位置等于 $B[2]$，所以 dp 状态如图 8.30 所示。

以此类推，可以得到最终状态如图 8.31 所示。

示例所示问题的编辑距离是 4。

B字符串 \ A字符串		s	f	d	q	x	b	w
	0	1	2	3	4	5	6	7
g	1	1	2	3	4	5	6	7
f	2							
d	3							
g	4							
w	5							

图 8.29 第一行状态计算过程

B字符串 \ A字符串		s	f	d	q	x	b	w
	0	1	2	3	4	5	6	7
g	1	1	2	3	4	5	6	7
f	2	2	1	2	3	4	5	6
d	3							
g	4							
w	5							

图 8.30 第二行状态计算过程

B字符串 \ A字符串		s	f	d	q	x	b	w
	0	1	2	3	4	5	6	7
g	1	1	2	3	4	5	6	7
f	2	2	1	2	3	4	5	6
d	3	3	2	1	2	3	4	5
g	4	4	3	2	2	3	4	5
w	5	5	4	3	3	3	4	4

图 8.31 最终状态矩阵

完整代码如下所示。

```c
const int inf = 0x3f3f3f3f;
const int maxn = 2e3 +10;
int dp[maxn][maxn];
char A[maxn],B[maxn];
int main(){
    scanf("%s%s",A+1,B+1);
    int n = strlen(A+1),m = strlen(B+1);
    for(int i=1;i<=n;i++){
        for(int j=1;j<=m;j++){
            dp[i][j] = inf;
        }
    }
    for(int i=0;i<=n;i++) dp[i][0] = i;
    for(int j=0;j<=m;j++) dp[0][j] = j;
```

```
    for(int i=1;i<=n;i++){
        for(int j=1;j<=m;j++){
            if(A[i] == B[j]) {
                dp[i][j] = dp[i-1][j-1];
                dp[i][j] = min(dp[i-1][j]+1,dp[i][j]);
                dp[i][j] = min(dp[i][j-1]+1,dp[i][j]);
            }
            else {
                dp[i][j] = min(dp[i][j],dp[i-1][j]+1);
                dp[i][j] = min(dp[i][j],dp[i][j-1]+1);
                dp[i][j] = min(dp[i][j],dp[i-1][j-1]+1);
            }
            printf("%d ",dp[i][j]);
        }
        printf("\n");
    }
    printf("%d\n",dp[n][m]);
    return 0;
}
```

8.3.5 最大子段和

例 8.5 从长度为 n 的序列中选出连续且非空的一段使得这段元素之和最大。

示例：求 $n=7$、$a=\{2,-4,3,-1,2,-4,3\}$ 的最大子段和。

对于这个问题，可以考虑先记录序列的前缀和，然后以 $O(n \times n)$ 的复杂度去枚举区间的两个端点，代码如下所示。

```
const int maxn = 1e4 +10;
int sum[maxn];
int main(){
    int n;
    scanf("%d",&n);
    sum[0] = 0;
    for(int i=1;i<=n;i++){
        scanf("%d",&sum[i]);
        sum[i] += sum[i-1];
    }
    int ans = 0;
    for(int i=1;i<=n;i++){
        for(int j=0;j<i;j++){
```

```
            ans = max(ans,sum[i] - sum[j]);
        }
    }
    printf("%d\n",ans);
    return 0;
}
```

当题目的 n 过大时,使用 $n×n$ 的蛮力枚举无法有效求解问题,应该要考虑使用时间复杂度更低的做法。求序列的最大子段和的子问题是求每一个位置结尾的最大子段和。

假设要求以第 i 个位置结尾的最大子段和,如图 8.32 所示。

图 8.32　求以第 i 个位置结尾的最大子段和

对于第 i 个位置,有两种选择,第一种就是把这个位置和前面 $i-1$ 的最大子段和拼接起来,第二种就是以 i 这个位置作为子段的起点,如图 8.33 所示。

图 8.33　以第 i 个位置结尾的最大子段和的求解思路

图 8.33 可以进一步归纳为图 8.34 所示的求解思路。

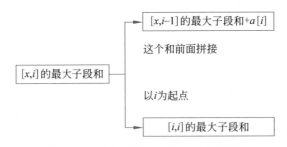

图 8.34　最大子段和子问题求解思路

用动态规划求解最大子段和的步骤如下。

1. 确定 dp 数组以及下标的含义

设 $dp[i]$ 为以 $a[i]$ 为结尾的最大连续子段和。

2. 确定递推公式

（1）第 i 个位置和前面 $i-1$ 的最大子段和进行拼接。
（2）第 i 个位置不与前面进行拼接，而是以 i 为起点和终点的最大字段和。
最终可以得到转移方程，如式(8-7)所示：

$$dp[i] = \begin{cases} dp[i-1]+a[i] \\ a[i] \end{cases} \tag{8-7}$$

3. dp 数组初始化

数组先初始化为最小值，并置 $dp[0]=0$。

4. 确定遍历的顺序

因为 i 的状态需要由 $i-1$ 的状态转移过来，所以首先要求 $i-1$ 的状态，因此 i 从小到大遍历即可。

5. 举例推导 dp 数组

先枚举 $a[1]=2$，因为 $dp[0]=0$，所以两种转移的结果相同，$dp[1]=a[1]$，如图 8.35 所示。

枚举 $a[2]=-4$，因为 $dp[1]=2$，所以第一种转移更优，执行 $dp[2]=dp[1]+a[2]=-2$，如图 8.36 所示。

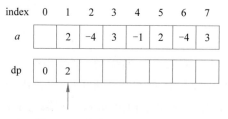

图 8.35 状态数组计算过程 1

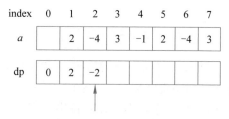

图 8.36 状态数组计算过程 2

枚举 $a[3]=3$，因为 $dp[2]=-2$，所以第二种转移更优，执行 $dp[3]=a[3]=3$，如图 8.37 所示。

以此类推，最终状态数组如图 8.38 所示。dp 中最大值 4 即为所示最大子段和。

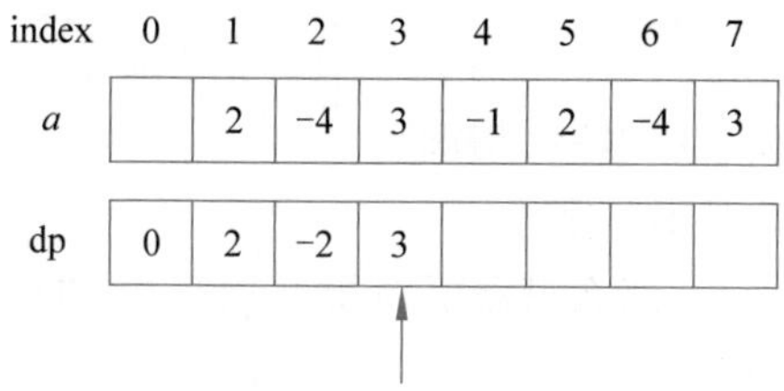

图 8.37 更优的状态转移

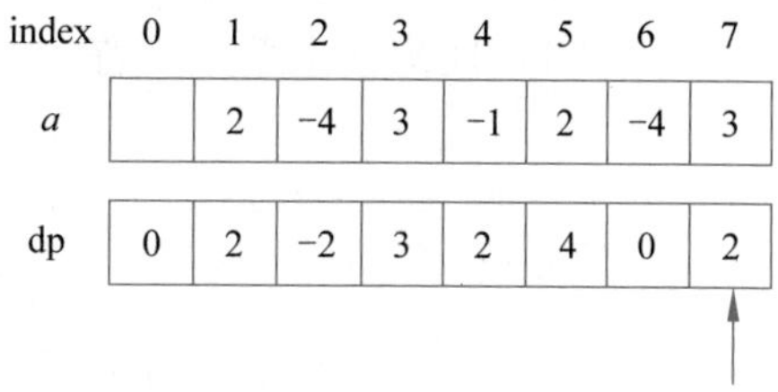

图 8.38 示例问题最终状态数组

完整代码如下。

```
const int inf = 0x3f3f3f3f;
const int maxn = 1e5 +10;
int dp[maxn],a[maxn];
int main(){
    int n;
    scanf("%d",&n);
    for(int i=1;i<=n;i++){
        scanf("%d",&a[i]);
    }
    for(int i=1;i<=n;i++) dp[i] = -inf;
    dp[0] = 0;
    int ans = -inf;
    for(int i=1;i<=n;i++){
        dp[i] = max(a[i],dp[i-1]+a[i]);
        ans = max(ans,dp[i]);
    }
    printf("%d\n",ans);
    return 0;
}
```

◆ 8.4 能 力 拓 展

8.4.1 带通配符的字符串匹配

例 8.6 给定一个字符串 s 和字符串 p，字符串 s 只包含小写字母，字符串 p 包含小写字母和字符'?'和'*'。其中'?'可以匹配任何单个字符，'*'可以匹配任意字符串(包括空字符串)。字符串 s 和字符串 p 是否能够完全匹配？如果是输出 yes，否则输出 no。

示例：判断 $s=$"adceb"、$p=$"*a*b"是否匹配。

问题如图 8.39 所示。

对于该问题，共存在如下 3 类字符。

(1) 普通的小写字母。

(2) '*'可以匹配任意的字符串，包括空字符串。

(3) '?'可以匹配任意单个字符。

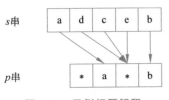

图 8.39 示例问题解释

因此，存在如下 3 种匹配情况。

(1) 小写字母对小写字母。

如果 $s[i]=p[j]$，那么只需要判断 $s[1..i-1]$ 和 $p[1..j-1]$ 是否匹配就行。

如果 $s[i]!=p[j]$，那么 $s[1..i]$ 和 $p[1..j]$ 就是不匹配的。

(2) 小写字母对'?'。

因为'?'可以匹配任意字母，所以只需要判断 $s[1..i-1]$ 和 $p[1..j-1]$ 是否匹配即可。

(3) 小写字母对'*'。

因为'*'可以匹配任意字符串，需要判断：$s[1..i]$ 和 $p[1..j-1]$ 是否匹配，或者 $s[1..i-1]$ 和 $p[1..j-1]$ 是否匹配，或者 $s[1..i-2]$ 和 $p[1..j-1]$ 是否匹配，以此类推。

3 种匹配情况如图 8.40 所示。

在用动态规划求解问题时可以通过观察每一步转移方式来发现它们之间的共性。显然，在该问题中子问题的解决方法和原问题是一样的，所以可以总结出一种转移方法，如图 8.41 所示。

接下来按照如下步骤进行问题求解。

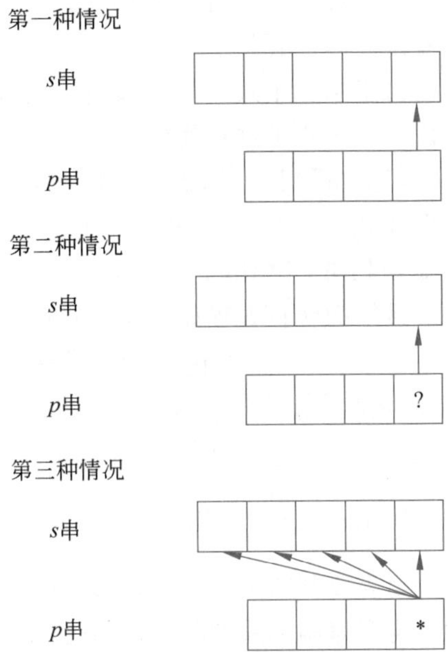

1. 确定 dp 数组以及下标的含义

图 8.40　3 种字符匹配情况

设 $dp[i][j]$ 表示 s 的前 i 个字符是否能和 p 的前 j 个字符匹配。

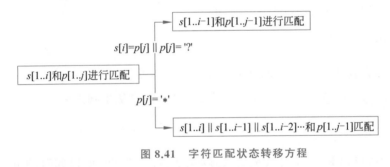

图 8.41　字符匹配状态转移方程

2. 确定递推公式

(1) 如果 $p[j]$ 是小写字母，直接进行判断 $s[i]$ 是否等于 $p[j]$。

(2) 如果 $p[j]$ 是 '?' 这个字符，表示可以和任意一个小写字母匹配，所以 $s[i]$ 和 $p[j]$ 成功匹配。

(3) 如果 $p[j]$ 是 '*' 这个字符，表示可以和任意一个长度的字符串匹配，所以需要枚举此时的'*'和 s 串中哪个位置到 i 位置可以成功匹配。

由此可以得到如下状态转移方程：

(1) 如果 $p[j]$ 是小写字母：$dp[i][j]=dp[i-1][j-1]\&\&s[i]==p[j]$。

(2) 如果 $p[j]$ 是 '?'，$dp[i][j]=dp[i-1][j-1]$。

(3) 如果 $p[j]$ 是 '*', $dp[i][j]=dp[i][j-1] || dp[i-1][j-1] || dp[i-2][j-1] || \cdots dp[0][j-1]$。

对于第三个式子，状态转移方程的复杂度是 $O(n)$，n 表示 s 串的大小，复杂度过高，考虑对这个式子进行优化。

因为 $p[j]=$'*', $dp[i][j]=dp[i][j-1] || dp[i-1][j-1] || \cdots || dp[0][j-1]$，容易发现 $dp[i-1][j]=dp[i-1][j-1] || dp[i-2][j-1] || \cdots || dp[0][j-1]$。通过递推可知 $dp[i][j]=dp[i][j-1] || dp[i-1][j]$，此时复杂度降到了 $O(1)$。

最终的转移方程如式(8-8)所示。

$$dp[i][j] = \begin{cases} dp[i-1][j-1] \text{ 并且 } s[i]==p[j], & \text{如果 'a'} \leqslant p[j] \leqslant \text{'z'} \\ dp[i-1][j-1], & \text{如果 } p[j]=\text{'?'} \\ dp[i][j-1] || dp[i-1][j], & \text{如果 } p[j]=\text{'*'} \end{cases} \quad (8\text{-}8)$$

3. dp 数组初始化

因为要判断是否匹配，所以 dp 数组定义成 bool 数组即可，并初始化为不匹配。然后对于与字符串无关的状态初始化，如 $dp[0][0]=true$。

该问题需要注意的是要把 $dp[0][j]$ 和 $dp[i][0]$ 的一部分状态进行初始化。虽然这部分可以直接放在状态转移的代码里，但由于需要特判，为了使得代码简洁，考虑放在初始化中。初始化后 dp 的状态如图 8.42 所示。

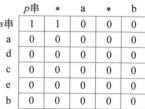

图 8.42 状态矩阵初始化

4. 确定遍历的顺序

根据状态转移方程式(8-8)可知，计算状态 (i,j) 需要使用状态 $(i-1,j-1)$、$(i,j-1)$、$(i-1,j)$，所以 i 和 j 需要从小到大遍历。

5. 举例推导 dp 数组

枚举 $s[1]=$'a'，可以和 $p[1..1]$、$p[1..2]$ 以及 $p[1..3]$ 匹配，所以此时的 dp 状态如图 8.43 所示。

枚举 $s[2]=$'d'，$s[1]$ 和 $s[2]$ 组合在一起，可以和 $p[1..1]$ 以及 $p[1..3]$ 匹配，所以此时的 dp 状态如图 8.44 所示。

p串	*	a	*	b
s串	1	1	0	0	0
a	0	1	1	1	0
d	0	0	0	0	0
c	0	0	0	0	0
e	0	0	0	0	0
b	0	0	0	0	0

图 8.43 第一行状态计算过程

p串	*	a	*	b
s串	1	1	0	0	0
a	0	1	1	1	0
d	0	1	0	1	0
c	0	0	0	0	0
e	0	0	0	0	0
b	0	0	0	0	0

图 8.44 第二行状态计算过程

枚举 $s[3]=$'c'，此时可以和 $p[1..1]$ 以及 $p[1..3]$ 匹配，所以 dp 的状态如图 8.45

所示。

枚举 $s[4]=$ 'e'，只能和 $p[1..1]$ 以及 $p[1..3]$ 匹配，dp 状态如图 8.46 所示。

p串		*	a	*	b
s串	1	1	0	0	0
a	0	1	1	1	0
d	0	1	0	1	0
c	0	1	0	1	0
e	0	0	0	0	0
b	0	0	0	0	0

图 8.45 第三行状态计算过程

p串		*	a	*	b
s串	1	1	0	0	0
a	0	1	1	1	0
d	0	1	0	1	0
c	0	1	0	1	0
e	0	1	0	1	0
b	0	0	0	0	0

图 8.46 第四行状态计算过程

最后枚举 $s[5]=$ 'b'，因为 $p[4]=s[5]$，所以此时可以和 $p[1..1]$、$p[1..3]$ 以及 $p[1..4]$ 匹配，最后的状态如图 8.47 所示。

p串		*	a	*	b
s串	1	1	0	0	0
a	0	1	1	1	0
d	0	1	0	1	0
c	0	1	0	1	0
e	0	1	0	1	0
b	0	0	0	1	1

图 8.47 最终状态矩阵

最右下角元素表示两个字符串可以匹配，即 $s=$ "adceb"、$p=$ "*a*b"能够匹配。

完整代码如下所示。

```
const int maxn = 1e3 +10;
bool dp[maxn][maxn];
char s[maxn],p[maxn];
int main() {
    scanf("%s%s", s +1, p +1);
    int n = strlen(s +1), m = strlen(p +1);
    for(int i = 0; i <= n; i++) {
        for(int j = 0; j <= m; j++) {
            dp[i][j] = false;
        }
    }
    dp[0][0] = true;
    for(int i = 1; i <= m; i++) {
        if(p[i] != '*') break;
        dp[0][i] = true;
    }
    for(int i = 1; i <= n; i++) {
        for(int j = 1; j <= m; j++) {
```

```
            if(p[j] == '?') dp[i][j] = dp[i -1][j -1];
            else if(p[j] == '*') dp[i][j] = dp[i][j - 1] || dp[i -1][j];
            else dp[i][j] = dp[i -1][j - 1] && s[i] == p[j];
        }
    }
    for(int i=0;i<=n;i++){
        for(int j=0;j<=m;j++){
            printf("%d ",dp[i][j]);
        }
        printf("\n");
    }
    printf("%s\n", dp[n][m] ? "yes" : "no");
    return 0;
}
```

8.4.2 爬楼梯

例 8.7 小明在家很喜欢爬楼梯,他家总共有 n 阶楼梯。他最开始在第 1 阶,每次可以跳 2 阶,或者跳 3 阶,他想知道他最后跳到第 n 阶的方案数是多少?答案对 1000 取模。

示例:楼梯数量 $n=8$ 时,求小明跳到第 n 阶楼梯的方案数量。

问题如图 8.48 所示。

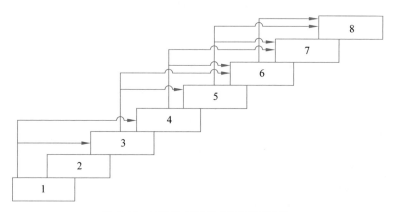

图 8.48　8 阶的爬楼梯问题求解示例

到达阶梯 8 可以通过阶梯 5 和阶梯 6,其中到达阶梯 5 有 1 种方案,到达阶梯 6 有 2 种方案,所以加起来一共是 3 种方案。

因此,根据问题要求到 n 这个位置有多少种方案,可以从 $n-2$ 和 $n-3$ 跳上来,所以如果已知跳到 $n-2$ 和 $n-3$ 的方案数就可以求出跳到 n 的方案数。因此,该问题的子问题即可根据图 8.49 所示方法进行分解。

接下来按如下步骤进行问题求解。

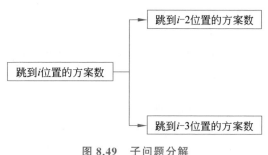

图 8.49 子问题分解

1. 确定 dp 数组以及下标的含义

设 $dp[i]$ 表示跳到第 i 阶的方案数。

2. 确定递推公式

根据分析,可以发现只有两种可能的状态可以跳到第 i 阶,分别是第 $i-2$ 阶和 $i-3$ 阶,所以可以得到如式(8-9)所示状态转移方程。

$$dp[i] = dp[i-2] + dp[i-3] \tag{8-9}$$

3. dp 数组初始化

状态数组 dp 都初始化为 0,然后针对已知的状态进行初始化。根据转移方程式(8-9),i 最小是 3,所以需要初始化 $dp[0]$、$dp[1]$ 和 $dp[2]$。因为初始状态在阶梯 1,所以 $dp[1]=1$,$dp[0]=dp[2]=0$。

初始化后的 dp 状态如图 8.50 所示。

图 8.50 状态数组初始化

4. 确定遍历的顺序

根据状态转移方程式(8-8)可知,状态 i 是从 $i-2$ 和 $i-3$ 转移过来的,所以需要从小到大遍历 i。

5. 举例推导 dp 数组

枚举 $i=3$,$dp[3]=dp[1]+dp[0]=1$,所以 dp 状态如图 8.51 所示。
枚举 $i=4$,$dp[4]=dp[2]+dp[1]=1$,dp 状态如图 8.52 所示。
最终,得到如图 8.53 所示的状态数组。
完整代码如下。

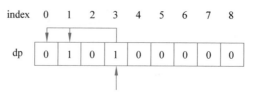

图 8.51 状态数组计算示例 1

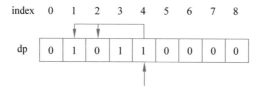

图 8.52 状态数组计算示例 2

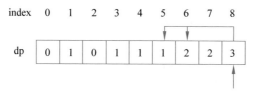

图 8.53 最终状态数组

```
const int maxn = 2e5 +10;
const int mod = 1000;
int dp[maxn];
int main(){
    int n;
    scanf("%d",&n);
    for(int i=0;i<=n;i++) dp[i] = 0;
    dp[1] = 1;
    for(int i=3;i<=n;i++){
        dp[i] = (dp[i-2]+dp[i-3]) %mod;
    }
    printf("%d\n",dp[n]);
    return 0;
}
```

习 题

1. 棋盘上的路径

小明在一个棋盘上面走路,最开始在$(0,0)$点,他想要到达(m,n)点并且每次他只能往下或者往右走一步,他想知道他到达(m,n)点总共有多少种方案(答案对 1000 取模)。

输入描述：输入一行 2 个整数代表 n、m。
输出描述：输出一行一个整数表示答案。
样例输入：

```
3 7
```

样例输出：

```
120
```

数据范围：$1 \leqslant n, m \leqslant 1000$。

2. 最长回文子序列

给定一个字符串 a，求其最长回文子序列的长度。
输入描述：输入一行表示字符串 a。
输出描述：输出一行一个整数表示答案。
样例输入：

```
aaba
```

样例输出：

```
3
```

数据范围：字符串长度小于或等于 1000。

3. 背包问题

给定 $n(n < 1 \times 10^2)$ 个物品，每个物品价值最大为 1×10^3，物品体积最多为 1×10^9，给你一个背包，体积最大为 1×10^9，求背包所能装的最大价值是多少？
输入描述：
第一行输入两个整数 n、v，分别代表物品数量和背包体积。
接下来 n 行每行两个整数 $a[i]$、$b[i]$。
分别代表物品的体积和价值。
输出描述：输出一行一个整数表示答案。
样例输入：

```
3 8
3 30
4 50
5 60
```

样例输出：

```
90
```

4. 小明的工资

小明有 n 天的工作时间，他在第 i 天可以获得 $a[i]$、$b[i]$、$c[i]$ 其中之一的工资，但是连续两天的工资不能来源于同一个数组中，求 n 天后小明获得的最大工资。

输入描述：

第一行输入一个整数 n 代表上班天数。

接下来 n 行每行 3 个整数 $a[i]$、$b[i]$、$c[i]$。

输出描述：输出一行一个整数表示答案。

样例输入：

```
3
10 40 70
20 50 80
30 60 90
```

样例输出：

```
210
```

5. 最大正方形

给定一个只包含 0 和 1 的 $n \times n$ 正方形矩阵，找出一个只有 1 的最大正方形，输出边长。

输入描述：

第一行输入一个整数 n 代表给定正方形的边长。

接下来 n 行，每行 n 个数字，用空格隔开，0 或 1。

输出描述：输出一行一个整数表示答案。

样例输入：

```
4
0 1 1 1
1 1 1 0
0 1 1 0
1 1 0 1
```

样例输出：

```
2
```

数据范围：$n \leqslant 100$。

6. 偶数个 5 的数字

小红很喜欢数字 5，有一天她很好奇在所有的 n 位数中有多少个数字有偶数个 5，答案对 12345 取模。

输入描述：一行输入一个整数 n。

输出描述：输出一行一个整数表示答案。

样例输入：

```
2
```

样例输出：

```
73
```

数据范围：$n \leqslant 10000$。

7. 糖果屋

小唐生活在糖果屋里，糖果屋体积为 v。小唐还在商店购买了 n 颗糖果，每颗糖果的体积为 $a[i]$，他想任取若干个糖果带进糖果屋中，使糖果屋的剩余空间为最小。他想知道最小的剩余空间为多少？

输入描述：

第一行输入一个整数 v，代表糖果屋的体积。

第二行输入一个整数 n，代表有 n 颗糖果。

接下来 n 行每行一个整数代表每颗糖果的体积 $a[i]$。

输出描述：输出一行一个整数表示答案。

样例输入：

```
24
6
8
3
12
7
9
7
```

样例输出：

```
0
```

数据范围：$n, v \leq 1000$。

8. 拆分整数

小红对于整数有着独特的思考，他突然有一天想把一个正整数 n 拆分为至少两个正整数的和，并让这些整数的乘积最大化，求最大的乘积。

输入描述：一行代表整数 n。

输出描述：输出一行一个整数表示答案。

样例输入：

```
10
```

样例输出：

```
36
```

数据范围：$2 \leq n \leq 58$。

9. 立方数之和

将一个整数 m 分解为 n 个立方数的和的形式，要求 n 最小。

例如，$m = 35 = 2 \times 2 \times 2 + 3 \times 3 \times 3$，则 $n = 2$。

输入描述：一行代表整数 m。

输出描述：输出一行一个整数表示答案。

样例输入：

```
35
```

样例输出：

```
2
```

数据范围：$m \leq 1000$。

10. 骰子之和

有 n 个骰子，每个骰子有 6 个面，值分别为 1、2、3、4、5、6。掷骰子得到的总点数为各骰子面朝上的数字的总和，求有多少种掷法得到总点数为 sum。答案对(1e9+7)取模。

输入描述：一行两个整数 n、sum。

输出描述：输出一行一个整数表示答案。

样例输入：

2 7

样例输出：

6

数据范围：$n \leqslant 1000$, $sum \leqslant 1000$。

第 9 章 图算法设计

◆ 9.1 概　　述

9.1.1 图的定义

图算法是算法中最古老且最让研究者钟情的领域。一般而言,可以认为图(Graph)是一系列顶点(或结点)和描述顶点之间关系的边(或弧)所组成的集合。图的形式化定义如下:

$$G = (V, E)$$
$$V = \{V_i \mid V_i \in 某个数据元素集合\}$$
$$E = \{(V_i, V_j) \mid V_i, V_j \in V \wedge P(V_i, V_j)\}$$

其中,G 表示图,V 是顶点的集合(Vertices Set),E 是边或弧的集合(Edges Set)。在集合 E 中,$P(V_i, V_j)$ 表示顶点 V_i 和顶点 V_j 之间有边或弧相连。

9.1.2 图的相关概念

图的定义与相关概念

阶(Order):图 G 中点集 V 的大小称为图 G 的阶。

子图(Sub-Graph):当图 $G' = (V', E')$ 其中,V' 包含于 V,E' 包含于 E,则 G' 称为图 $G = (V, E)$ 的子图。每个图都是本身的子图。

生成子图(Spanning Sub-Graph):指满足条件 $V(G') = V(G)$ 的 G 的子图 G'。

导出子图(Induced Sub-Graph):以图 G 的顶点集 V 的非空子集 V_1 为顶点集,以两端点均在 V_1 中的全体边为边集的 G 的子图,称为 V_1 导出的导出子图;以图 G 的边集 E 的非空子集 E_1 为边集,以 E_1 中边关联的顶点的全体为顶点集的 G 的子图,称为 E_1 导出的导出子图。

度(Degree):一个顶点的度是指与该顶点相关联的边的条数,顶点 v 的度记作 $d(v)$。

入度(In-degree)和出度(Out-degree):对于有向图来说,一个顶点的度可细分为入度和出度。一个顶点的入度是指与其关联的各边之中,以其为终点的边数;出度则是相对的概念,指以该顶点为起点的边数。

自环(Loop):若一条边的两个顶点为同一顶点,则此边称为自环。

路径(Path)：从 u 到 v 的一条路径是指一个序列 $v_0, e_1, v_1, e_2, v_2, \cdots, e_k, v_k$，其中 e_i 的顶点为 v_i 及 v_{i-1}。如果它的起止顶点相同，该路径是"闭"的，反之，则称为"开"的。如果路径中所有顶点两两不等，则该路径称为一条简单路径。

行迹(Trace)：如果路径 $P(u,v)$ 中的边各不相同，则该路径称为 u 到 v 的一条行迹。

轨道(Track)：如果路径 $P(u,v)$ 中的顶点各不相同，则该路径称为 u 到 v 的一条轨道。

闭的行迹称为回路(Circuit)，闭的轨称为圈(Cycle)。

桥(Bridge)：若去掉一条边，便会使得整个图不连通，该边称为桥。

9.2 图算法示例与分析

在计算机科学以及其他领域，图被广泛应用于实际问题的建模，包括数据调度、网络通信、交通运输管理、经济网络、项目安排等。基本的图算法主要包括图的遍历、最短路径、拓扑排序等，下面将对一些图算法的经典例题进行详解。

9.2.1 最短路问题

例 9.1 畅通工程问题：某省自从实行了很多年的畅通工程计划后，终于修建了很多连接城镇的道路。现在已知有 N 个城镇，修建了 M 条双向道路，由城镇 u 通往城镇 v 而道路长度为 w。对于给定的起点 S 和终点 T，计算出要从起点到终点，最短需要行走多少距离。

最短路问题

首先明确本题的任务是寻找由 S 作为起点、T 作为终点的最短路径。由于城镇 u 到 v 之间直通的道路可能不止一条，因此需要记录它们的最小值。当数据量较小时($N \leqslant 100$)，可以利用直观的 Floyd 算法枚举并更新所有的路径长度并解决该问题，其算法时间复杂度为 $O(N^3)$。

Floyd 算法参考代码如下。

```
int Floyd(int n,int s,int t){
    //采用邻接矩阵的方式存图
    for(int k=1;k<=n;k++)
    for(int i=1;i<=n;i++)
    for(int j=1;j<=n;j++)
    dis[i][j]=min(dis[i][k]+dis[k][j],dis[i][j]);   //枚举所有的城镇来更新距离
    return dis[s][t];                                //返回由 S 到 T 的最短路径长度
}
```

显然，当数据量进一步扩大时，Floyd 的计算效率将越来越低。Dijkstra 算法可以优化更新最短距离的过程并大大提高计算效率。使用邻接矩阵实现的 Dijkstra 算法的复杂度是 $O(V^2)$(V 代表顶点数)。如果使用邻接表，更新最短距离只需要访问每条边一次即可，这部分的复杂度是 $O(E)$。然而每次要枚举所有的顶点来查找下一个使用的顶点，因此最终复杂度还是 $O(V^2)$。在 $|E|$ 比较小时，大部分的时间都花在了查找下一个使用的

顶点上,因此需要使用合适的数据结构进行优化。使用堆可以优化数值的插入(更新)和取出最小值两个操作。把每个顶点当前的最短距离用堆来维护,在更新最短距离时,把对应的元素往根的方向移动以满足堆的性质。而每次从堆中取出的最小值就是下一次要用的顶点。这样堆中的元素共有 $O(V)$ 个,更新和取出的操作有 $O(E)$ 次,因此整个算法的复杂度是 $O(E\log_2 V)$。

下面是使用 STL 的 priority_queue(优先队列)实现。在每次更新时往堆里插入当前最短距离和顶点的值对。插入的次数是 $O(E)$ 次,当取出的最小值不是最短距离的话,就丢弃这个值。

样例输入:

```
5 7(5 是城镇数,7 是修建的道路数)
1 4 3(第 i 条道路修建于 u、v 之间,长度为 w)
4 2 2
1 3 1
4 1 3
5 2 1
2 3 2
5 3 1
1 5(起点 S 与终点 T)
```

样例输出:

```
2
```

依据输入数据建图如下(注:数组 d 表示从 s 到第 i 号点的最短距离,初始化为 INF 无穷大)。白色结点表示未被 vis 标记过的点,灰色线条结点表示处于当前队列顶部的结点。灰色结点表示正在搜索路径时可以到达的结点。黑色结点表示被 vis 标记的点。

Step1:当前 priority_queue 仅含 1 号结点,当开始访问 1 号结点时,vis[1]标记更新,1 号结点从队列中释放出去(见图 9.1)。

Step2:由于 1 号结点与 4 号结点的距离为 3,初始距离为 INF,因此更新最短距离,并将 4 号结点放入 priority_queue(见图 9.2)。

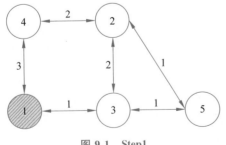

图 9.1　Step1

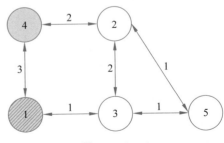

图 9.2　Step2

Step3：由于 1 号结点与 3 号结点的距离为 1，初始距离为 INF，因此更新最短距离，并将 3 号结点放入 priority_queue（见图 9.3）。

Step4：当前 priority_queue 中有两个元素，分别是 3、4 号结点。根据优先队列的规则，此时我们会取出处于顶部的 3 号结点继续执行 Dijkstra 算法，同理更新最短距离。注意，操作中的更新距离并非代表当前结点 u 到 v 的最短距离，而是代指如果由起点 S 到 v 的最短距离大于由起点 S 到 u 的距离加上 u 到 v 的距离，那么更新起点 S 到 V 的距离为：$d[v]=d[u]+w$。5 号结点被放入 priority_queue（见图 9.4）。

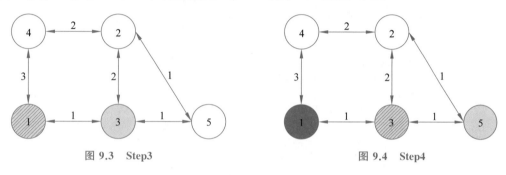

图 9.3　Step3　　　　　　　　图 9.4　Step4

Step5：更新距离并把 2 号结点放入 priority_queue（见图 9.5）。

Step6：依据当前 priority_queue 操作 5 号结点。由于 5↔2、5↔3 之间已经更新过最短距离，故此时不会有任何更新操作（见图 9.6）。

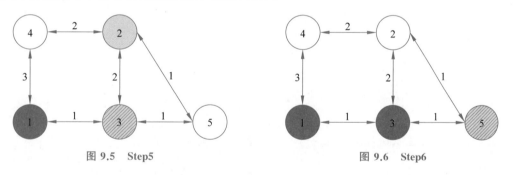

图 9.5　Step5　　　　　　　　图 9.6　Step6

Step7：同理对于 4、2 号结点，无法进行松弛操作，更新距离，直到队列元素释放完毕，Dijkstra 算法结束。d 数组已经更新完毕，可以得到 $d[5]=2$，即答案（见图 9.7）。

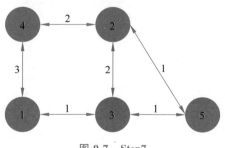

图 9.7　Step7

堆优化Dijkstra算法参考代码如下。

```
void add(int u,int v,int w){
    //前向星方式建图
    a[++k].next=head[u];
    a[k].w=w; a[k].v=v;head[u]=k;
}
void Dijkstra(){
    memset(d,inf,sizeof(d));
    memset(vis,0,sizeof(vis));
    priority_queue<pair<int,int>>q;
    d[s]=0;q.push(make_pair(0,s));
    while(q.size()){
        int u=q.top().second;
        q.pop();
        if(vis[u])continue;           //该结点已经访问过,不再执行
        vis[u]=1;                     //若要执行该结点的操作,先标记它对应的vis
        for(int i=head[u]; i; i=a[i].next){
            int v=a[i].v,w=a[i].w;
            if(d[v]>d[u]+w){
                d[v]=d[u]+w;          //松弛操作,更新距离
                q.push(make_pair(-d[v],v));
                //把更新的距离和点入队,这里距离取负变成小根堆
            }
        }
    }
}
int main(){
    cin>>n>>m;                        //n个结点m条边数据
    for(int i=1; i<=m; i++){
        int u,v,w;
        cin>>u>>v>>w;//点u到点v的双向路径,路径长度为w
        add(u,v,w);add(v,u,w);        //建立点u到点v的双向路径,路径长度为w
    }
    cin>>s>>e                         //s代表最短路的起源点,e代表你想去的终点
    Dijkstra();                       //执行Dijkstra最短路算法
    cout<<d[e];                       //以s为起点跑到e点的最短路径
    return 0;
}
```

测试结果如下。

```
结点数和边数：5 7
接下来7行为边的数据：
1 4 3
4 2 2
1 3 1
4 1 3
```

```
5 2 1
2 3 2
5 3 1
起点编号与终点编号: 1 5
起点到终点的最短距离为: 2
```

9.2.2 网络最大流问题

下面介绍网络最大流问题的求解,学习之前需要一些知识预备,我们首先了解一下网络最大流问题所涉及的一些图的定义。

残量网络:在给定的流网络(容量网络)$G=(V,E)$中,设 f 为 G 中的流,G' 为 G 关于 f 的残量网络 $G'=(V',E')$,其中 G' 的顶点集 V' 与 G 的顶点集 V 相同,并考察一对顶点 $u,v \in V$,在不超过容量 $c(u,v)$ 的条件下,从 u 到 v 之间可以压入的额外网络流量,就是 (u,v) 的残留容量,就像某一个管道的水还没有超过管道的上限,那么就这条管道而言,就一定还可以注入更多的水。对于 G 中任何一条弧 $<u,v>$,如果 $f(u,v)<c(u,v)$,那么在 G' 中有一条弧 $<u,v> \in E'$,其容量为 $c'(u,v)=c(u,v)-f(u,v)$,如果 $f(u,v)>0$,则在 G' 中有一条弧 $<v,u> \in E'$,其容量为 $c'(v,u)=f(u,v)$。而由所有属于 G 的边的残留容量所构成的带权有向图就是 G 的残留网络 G'。流网络及残量网络示意如图 9.8 所示。

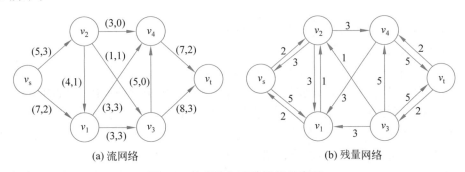

图 9.8 流网络与残量网络示意图

从残量网络的定义来看,原容量网络中的每条弧在残量网络中都化为一条或者两条弧。在残量网络中,从源点到汇点的任意一条简单路径都对应一条增广路,路径上每条弧容量的最小值即为能够一次增广的最大流量。

顶点的层次:在残量网络中,把从源点 V_s 到顶点 u 的最短路径长度,称为顶点 u 的层次。其中源点 V_s 的层次为 0。

最短增广路径算法:每次在层次网络中找一条含弧数最少的增广路进行增广。最短增广路算法的具体步骤如下。

(1) 初始化容量网络和网络流。

(2) 构造残留网络和层次网络,若汇点不在层次网络中,则算法结束。

(3) 在层次网络中不断用 BFS 增广,直到层次网络中没有增广路为止;每次增广完毕,在层次网络中要去掉因改进流量而导致饱和的弧。

(4) 转步骤(2)。

在最短增广路算法中,第(2)、(3)步被循环执行,将执行(2)、(3)步的一次循环称为一个阶段。在每个阶段中,首先根据残留网络建立层次网络,然后不断用 BFS 在层次网络中增广,直到出现阻塞流。注意每次增广后,在层次网络中要去掉因改进流量而饱和的弧。该阶段的增广完毕后,进入下一阶段。这样的不断重复,直到汇点不在层次网络中为止。汇点不在层次网络中意味着在残留网络中不存在一条从源点到汇点的路径,即没有增广路。在程序实现的时候,并不需要真正"构造"层次网络,只需要对每个顶点标记层次,增广的时候,判断边是否满足 level(v)=level(u)+1 这一约束条件即可。

Dinic 算法:Dinic 算法由以色列的计算机科学家 Yefim A. Dinitz 在 1970 年提出,用于在网络流中计算最大流。该算法的思想也是分阶段地在层次网络中增广。它与最短增广路算法不同之处是:最短增广路每个阶段执行完一次 BFS 增广后,要重新启动 BFS 从源点 V_s 开始寻找另一条增广路;而在 Dinic 算法中,只需一次 DFS 过程就可以实现多次增广,这是 Dinic 算法的巧妙之处。Dinic 算法具体步骤如下。

(1) 初始化容量网络和网络流。

(2) 构造残留网络和层次网络,若汇点不再层次网络中,则算法结束。

(3) 在层次网络中用一次 DFS 过程进行增广,DFS 执行完毕,该阶段的增广也执行完毕。

(4) 转步骤(2)。

在 Dinic 的算法步骤中,只有第(3)步与最短增广路相同。在下面实例中,将会发现 DFS 过程将会使算法的效率有非常大的提高。

例 9.2 飞行大队有若干个来自各地的驾驶员,专门驾驶一种型号的飞机,这种飞机每架有两个驾驶员,需一个正驾驶员和一个副驾驶员。由于种种原因,例如相互配合的问题,有些驾驶员不能在同一架飞机上飞行,因为驾驶工作分工严格,两个正驾驶员或两个副驾驶员都不能同机飞行。现在已知一共有 N 位飞行员,其中 M 位飞行员是正飞行员,问如何搭配驾驶员才能使出航的飞机最多(1≤N≤200)。

该题可以把正副飞行员置于两侧并进行匹配,显然这是一个二分图模型,依据题意要使得尽可能多的飞行员能够匹配成功并起飞,那么本题就是求解二分图最大匹配。同时二分图最大匹配是一种特殊的网络流应用,即最大流数等于二分图最大匹配数。最坏时间复杂度为 $O(mn^2)$。其中对于二分图,Dinic 最坏时间复杂度为 $O(n \times \text{sqrt}(m))$。实际应用中效率较高,一般可解决 10^5 以内的问题。

样例输入:

```
10 5(总飞行员数 N 与正飞行员数 M)
1 7 (飞行员 A 与 B 可以相互匹配,保证在前的为正飞行员)
2 6
2 10
3 7
4 8
5 9
```

样例输出：

```
4
```

样例解释：建立二分图模型，正飞行员都连接在超级源点上，流量为1，表示每个正飞行员都具备匹配的资格。对输入的(A,B)飞行员匹配对，我们建立一条由A连向B的边，流量为1，以此控制正飞行员至多只能匹配一个人。对于副飞行员全部连接到超级汇点上，流量为1。最终由源点发出的流量都会尽可能多地汇聚到超级汇点上，即最大流。

模型正向情况如图9.9所示。

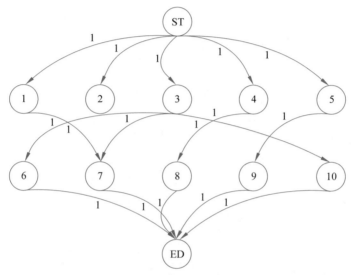

图9.9 模型正向情况

模型反向情况如图9.10所示。

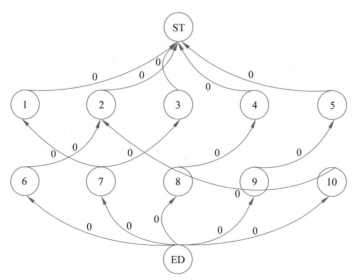

图9.10 模型反向情况

参考代码如下。

```cpp
inline void add(int x, int y, int z) {
    a[++o].flow = z, a[o].to = y, a[o].next = head[x], head[x] = o;
    a[o].u=x;
}
inline int bfs(int st, int ed) {                //bfs求源点到所有点的最短路
    for(int i = 0; i <= n; ++i)
        cur[i] = head[i], dis[i] = 0;           //当前弧优化 cur=head
    h = 1, t = 0, dis[st] = 1, Q[++t] = st;
    while(h <= t) {
        int x = Q[h++], to;
        for(int i = head[x]; i; i = a[i].next)
            if(a[i].flow && !dis[to = a[i].to]) {
                dis[to] = dis[x] +1, Q[++t] = to;
                if(to == ed) return 1;
            }
    }
    return 0;
}
inline int dfs(int x, int flow) {               //flow 为剩下可用的流量
    if(!flow || x == ed) return flow;           //发现没有流或者到达终点即可返回
    int tmp = 0, to, f;
    for(int i = cur[x]; i; i = a[i].next) {
        cur[x] = i;                             //当前弧优化 cur=i
        if(dis[to = a[i].to] == dis[x] +1 && (f = dfs(to, min(flow -tmp, a[i].flow)))) {
            a[i].flow -= f, a[i ^ 1].flow += f;
            tmp += f;                           //记录终点已经从 x 处获得流数
            if(!(flow -tmp)) break;
        }
    }
    return tmp;
}
inline void Dinic(int st, int ed) {
    int flow = 0;
    while(bfs(st, ed))
        maxflow += dfs(st, inf);
}
int main() {
    cin>>n>>m;
    maxflow = 0; o = 1;
    for(int i = 1; i <= m; i++) {
        add(0, i, 1);
        add(i, 0, 0);
    }
```

```
        for(int i = m +1; i <= n; i++) {
            add(i, n +1, 1);
            add(n +1, i, 0);
        }
        while(true){
            cin>>u>>v;
            if(u <= 0 || v <= 0){break;}
            add(u, v, 1);
            add(v, u, 0);
        }
        st = 0;
        ed = n +1;
        Dinic(st, ed);
        cout<<maxflow<<endl;
        return 0;
    }
```

测试结果如下。

```
总驾驶员数目与正驾驶员数目: 10 5
若干组正副驾驶员搭配信息:
1 7
2 6
2 10
3 7
4 8
5 9
二分图匹配情况如下:
2 号驾驶员与 10 号驾驶员相匹配
3 号驾驶员与 7 号驾驶员相匹配
4 号驾驶员与 8 号驾驶员相匹配
5 号驾驶员与 9 号驾驶员相匹配
最大匹配数为: 4
```

9.2.3 二分图染色问题

例 9.3 小偷逃跑了,消失在黑夜中……我们可以考虑他所在的城市是一个无向图,其中结点代表十字路口,边缘代表街道,交叉标记从 0 到 $n-1$。狡猾的小偷开始从十字路口逃跑,每时每刻他都会走向一个相邻的十字路口。更确切地说,假设他在 t 的时候在 u 号十字路口,当且仅当 u 号和 v 号十字路口之间有一条街道时,他可能在 $t+1$ 时刻出现在 v 号十字路口。请注意,他可能不会在两个连续的时刻停留在同一个十字路口。警察想知道小偷是否有可能在某一时刻出现在这个城市的任何一个十字路口,以 YES/NO 判断。($n \leqslant 20000, m \leqslant 30000$)。

此题为经典的二分图问题。二分图也称二部图，是图论里的一种特殊模型，也是一种特殊的网络流。设 $G=(V,E)$ 是一个无向图，如果顶点 V 可分割为两个互不相交的子集 (A,B)，并且图中的每条边 (i,j) 所关联的两个顶点 i 和 j 分别属于这两个不同的顶点集 $(i \in A, j \in B)$，则称图 G 为一个二分图。二分图最大的特点是可以将图里的顶点分为两个集合，且集合内的点没有直接关联。如果某个图为二分图，那么它至少有两个顶点，且其所有回路的长度均为偶数，任何无回路的图均是二分图。

下面由两个例子来具体理解其定义。图9.11中，顶点 a、c、e 可以作为顶点 V 的一个子集，b、d、f 可以作为另一个子集，两个子集中的顶点互不相交，且图中每一条边关联的两个顶点都分属于两个子集。从回路的角度来看，该图中所有回路的长度均为偶数，例如由顶点 a、b、e、f 组成的回路长度为 4。因此，该图是一个二分图。

图9.12中无法将所有顶点分成两个子集，来保证两个子集中的顶点互不相交，且图中每一条边关联的两个顶点都分属于两个子集。从回路的角度来看，由顶点 a、e、f 组成的回路长度为 3，由顶点 a、b、c、d、e 组成的回路长度为 5，因此，该图不是一个二分图。

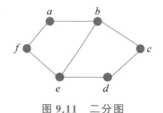

图9.11 二分图　　　　　图9.12 非二分图

回到题目，如果小偷走一个环，且这个环是偶数个结点，那么小偷只能在偶数时刻或者奇数时刻到达某个结点；但是如果这个环是奇数个结点，则小偷既可以在奇数时刻到达又可以在偶数时刻到达。根据二分图的性质：二分图中不能含有奇环，所以我们只需用染色法判断是否是二分图即可，时间复杂度 $O(n+m)$。如果是二分图，则小偷不能在某一时刻出现在这个城市的任何一个十字路口，反之如果不是二分图，则小偷可能在某一时刻出现在这个城市的任何一个十字路口。

染色法：用两种颜色，对所有顶点逐个染色，且相邻顶点染不同的颜色，如果发现相邻顶点染了同一种颜色，就认为此图不为二分图。当所有顶点都被染色，且没有发现同色的相邻顶点，则认为此图为二分图。

样例输入：

```
6 7 5 (十字路口数 n,街道数 m,起点 s)
4 2   (编号 u、v 之间存在道路)
0 1
0 3
2 5
3 2
1 4
3 4
```

样例输出：

```
YES
```

样例解释：假如我们在 DFS 染色的过程中遇不到矛盾的情况，那么这就是一个二分图；反之此图有奇数环，不是二分图。

Step1：构建样例输入数据模型，如图 9.13 所示。

Step2：对图进行染色（条形灰色结点与灰色结点代表不同的颜色），如图 9.14 所示。

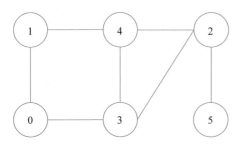 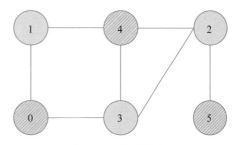

图 9.13　样例输入数据模型　　　　　　图 9.14　样例染色

该图中 3 号结点与 2 号结点相邻且同色，根据二分图的性质可以推出矛盾，由此判断它不是二分图，二分图不含有奇数结点的环，那么可知该图可以在某时刻到达任意结点。特别地，需要判断该图是否连通，若不连通，即有结点未被染色，则一定无法到达。

关键代码如下。

```
void dfs(int x, int col){
    vis[x] = col;//当前结点 x 染色 col
    for(int i = 0; i <G[x].size(); i++){
        int t = G[x][i];
        if(vis[x] == vis[t]) flag = true;
        //相邻的点颜色相同，说明必然不是二分图，而二分图不含有奇环，则该图一定含有
        //奇环
            else if(vis[t] == -1) dfs(t, !col);   //若当前还未染色，则染上不同的颜色
    }
}
int main(){
    cin>>n>>m>>s;                //十字路口数 n,街道数量 m,起点 s
    memset(vis, -1, sizeof vis); //初始化每个结点的颜色,-1 表示还没有染色
    for(int i = 1; i <= m; i++){
        cin>>u>>v;
        G[u].push_back(v);
        G[v].push_back(u);
    }
    flag = false;
    dfs(s, 0);
```

```
    for(int i = 0; i <n; i++){
        if(vis[i] == -1){           //说明该图不连通,一定无法到达这个点
            flag = false;break;
        }
    }
    if(flag) cout<<"YES"<<endl;
    else cout<<"NO"<<endl;
    return 0;
}
```

9.3 能力拓展

9.3.1 上学问题

例 9.4 小明每天都要以走路或者坐地铁的方式从家里去学校,他想知道上学要花多长时间。小明以 10km/h 的速度行走,地铁以 40km/h 的速度行驶。假设每次小明到地铁站时都恰好有一列地铁在此停留,且可以马上上车。小明可以上下地铁任意次,也可以在不同的地铁线路之间切换,所有的地铁线路都是双向的。现在有若干组地铁线路中的每站坐标,每条线路都以(-1,-1)为终点,已知家的坐标和学校的坐标,求解从家出发到学校的最少时间是多少分钟(四舍五入)。

对于没有明确给出道路的情况,邻接矩阵是个不错的选择。在输入各个坐标点对的同时,保存下来这些非终点站的点,当一条线路到达终点时,枚举该线路的所有点对,相邻的车站之间建立双向边,距离为两点之间的直线距离。要求解最短到达学校所需要的时间,且已知速度和距离,那么在建图的时候,边的值应该表示为两点之间到达所需的时间。地铁站这种情况处理完了以后,接下来处理步行的情况,小明可以在任意站步行到任意站,同上计算出所需时间并建边。接下来只需要以家为起点,运用朴素版 Dijkstra 算法或者 SPFA 算法即可。

样例输入:

```
0 0 458 324(家的坐标和学校的坐标)
12 23 55 66 145 23 -1 -1    (第 i 条线路中每个站点的坐标)
123 23 55 66 66 31 -1 -1
45 67 78 20 79 54 -1 -1
```

样例输出:

```
3
```

Step1:获得所有点对信息,如图 9.15 所示(可能起点、终点会与站点重合)。

接下来需要将每条线路的站点连接起来,距离为坐标直线距离,由公式计算。然后将每个坐标点之间连接上由步行行走的道路,因为小明可以在他当前到达的任意位置步行

图 9.15 所有点对信息

到另一位置。

Step2：连接各个坐标点，如图 9.16 所示。

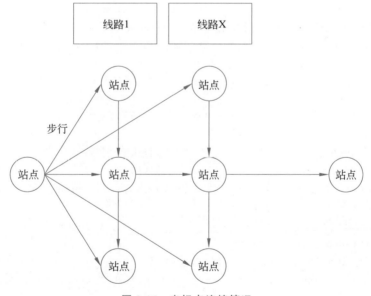

图 9.16 坐标点连接情况

用邻接矩阵的方式构造整个图，运用朴素版的 Dijkstra 算法即可求出由家出发到达任意点的单源最短路径。

参考代码如下。

```cpp
void Dijkstra(){
    for(int i=1; i<=n; i++){
            d[i]=mpp[1][i];         //初始化d数组,d[i]表示从起点到第i号结点的最短时间
    }
    d[1]=0;vis[1]=true;
    for(int i=1; i<=n; i++){
        double mimm=100000000.0;
        int pos=1;
        for(int j=1; j<=n; j++){
            if(!vis[j]&&d[j]<mimm){
                mimm=d[j];pos=j;
            }
        }
        vis[pos]=true;
        for(int j=1; j<=n; j++){        //松弛操作,更新值
            if(!vis[j]&&d[j]>d[pos]+mpp[pos][j]){
                d[j]=d[pos]+mpp[pos][j];
            }
        }
    }
}
double check(double x1,double y1,double x2, double y2,int pos){
    //计算两点间的直线距离并除以速度,获得两点之间的到达所需时间
        return sqrt((x1-x2) * (x1-x2) +(y1-y2) * (y1-y2)) * 1.0/vv[pos];
}
struct per{
  double x,y;
}sb[600];
int main(){
    vv[1]=10000.0;                          //步行速度
    vv[2]=40000.0;                          //地铁速度
    int cnt=0,flag=2,ff=2; double xh,yh,xx,yx,suba,subb;
    cin>>xh>>yh>>xx>>yx;
    while(cin>>suba>>subb){
        if(suba==-1.0&&subb==-1.0){
            for(int i=flag; i<=ff-2; i++){
                mpp[i][i+1]=mpp[i+1][i]=check(sb[i].x,sb[i].y,sb[i+1].x,
                    sb[i+1].y,2);
            }
            flag=ff; continue;
        }
        sb[ff].x=suba; sb[ff++].y=subb;
    }
```

```
            n=ff+1;
            sb[1].x=xh; sb[1].y=yh;
            sb[n].x=xx; sb[n].y=yx;
            for(int i=1; i<=n; i++){
                for(int j=i+1; j<=n; j++){
                    if(mpp[i][j]==0){
                        mpp[i][j]=mpp[j][i]=check(sb[i].x,sb[i].y,sb[j].x,sb[j].y,1);
                    }
                }
            }
            Dijkstra();
            cout<<(int)(d[n] * 60+0.5);
            return 0;
        }
```

测试结果如下。

```
家的坐标与学校的坐标：
0 0 458 324
若干条线路信息：
12 23 55 66 145 23 -1 -1
123 23 55 66 66 31 -1 -1
45 67 78 20 79 54 -1 -1
从家出发到学校所需最短时间为 3min。
```

9.3.2 圣诞老人的烦恼

例 9.5 圣诞节到了，圣诞老人乘着驯鹿雪橇来送礼物。已知整个城镇可视为有向图，由 n 个小镇、m 条道路组成，每条道路由 u 单向地通向 v 且长度为 w。给孩子们派送礼物是一件十分紧迫的事，假设他所在的位置是 S，目的地是 T，请你帮忙计算出 S 到 T 走最短的路径方案总共有多少种。每条路只能走一次，每个点可以走多次。

想要计算出由 S 出发到 T 的最短路径条数，那么我们首先要知道该图中所有的最短路边。根据单源最短路 Dijkstra 算法可以求出由 S 出发到达任意点的最短路径长度。那么可以由 $dis[v]=dis[u]+w$ 判断该边为最短路边（表示由 S 到达 u 再到达 v 的最短路等于由 S 到达 v 的最短路径，因此该条由 u 通向 v 的边为最短路边）。获取到了整个图的最短路边之后重新建图，利用网络流 Dinic 算法，限制每条路至多只能走一次，设置 S 为起点 T 为终点，最终得到的最大流值即为 S 到 T 的最短路径方案数。

样例输入：

```
4 4 (城镇数 n,道路数 m)
1 2 1 (由城镇 u 单向地通向 v 的道路距离为 w)
1 3 1
2 4 1
```

```
3 4 1
1 4 (起点S与终点T)
```

样例输出：

```
2
```

Step1：对于样例中给定的顶点以及边的数据，先建图，如图9.17所示。

Step2：执行完Dijkstra算法后获得最短路边(虚线部分)，如图9.18所示。

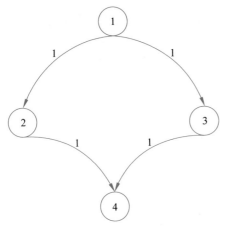
图9.17 样例初始数据示意图

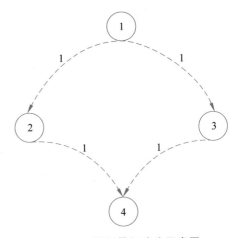
图9.18 样例最短路边示意图

Step3：依据获得的最短路边建立网络流模型，如图9.19所示。

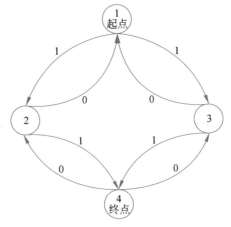
图9.19 网络流模型示意图

利用Dinic算法即可求出该模型的最大流量，即从起点到终点的路径条数。算法复杂度为$O(m\log n + n\sqrt{m})$。

参考代码如下。

```cpp
int main(){
    int sb,sp;
    cin>>n>>m;                          //输入顶点个数 n,道路数 m
    for(int i=1; i<=m; i++){
        int u,v,w;
        cin>>u>>v>>w;                   //输入各条道路的信息,由 u 指向 v,距离为 w
        addDijkstra(u,v,w);
    }
    cin>>st>>ed;                        //输入起点与终点
    s=st;                               //以 st 为起点,做最短路算法
    Dijkstra();                         //该处调用同例 9.4 中的 Dijkstra()方法
    if(d[ed]==inf){    //说明以 st 为起点时无法到达终点 ed,则不存在最短路,答案为 0
        cout<<"0"<<endl;
        return 0;
    }
    for(int i=1; i<=m; i++){
        int x=ap[i].u;
        int y=ap[i].v;
        int z=ap[i].w;
        if(d[y]==d[x]+z){            //提取出原图中的最短路径边,重新放入网络流模型中
            add(x,y,1);add(y,x,0);    //一条路只能走一次,故设置为 1
            //该处 add()调用同 9.2 例 2 中 add()一致
            continue;
        }
    }
    Dinic(st,ed);                       //该处调用例 9.2 中的 Dinic()方法
    cout<<maxflow<<endl;
    return  0;
}
```

测试结果如下。

```
请输入顶点个数 n,道路数 m: 4 4
第 1 条边的信息: 1 2 1
第 2 条边的信息: 1 3 1
第 3 条边的信息: 2 4 1
第 4 条边的信息: 3 4 1
起点编号与终点编号: 1 4
已执行完 Dijkstra 算法,获得以下最短路边:
由 1 指向 2 的距离为 1
由 1 指向 3 的距离为 1
由 2 指向 4 的距离为 1
由 3 指向 4 的距离为 1
由起点到终点的最短路径条数为: 2
```

9.3.3 烤箱问题

例 9.6 厨师 Bob 刚把 n 道菜放进烤箱,他知道每道菜的最佳烹饪时间是 t_i 分钟,在任何正整数分钟,Bob 只能从烤箱中取出一道菜。如果第 i 道菜在某个时刻 T 取出来了,那么会产生令人不愉快的值为 $|T-t_i|$,菜一旦拿出来就不能再放进去了。请你告诉 Bob 想知道他最小能获得的不愉快值是多少。

最小费用最大流:是指在普通的网络流图中,每条边的流量都有一个单价,求出一组可行解,使得在满足它是最大流的情况下,总的费用最小。每道菜都会被取出,假设我们给每道菜连接在一个超级源点上,设置流量为 1,费用为 0,那么最终在汇点上的最大流量必定是菜的数量 N。在此保证了最大流量为 N,每个时刻只能取出一道菜,那么我们可以给每道菜连接上每个时刻,边容量为 1,花费为 |当前时刻 $-t_i$|,以此达到限制每个时刻只能取一道菜的目的。最终将每个时刻与超级汇点连接,边容量为 1,费用为 0。烤箱问题基于最小费用最大流思想建模如图 9.20 所示。

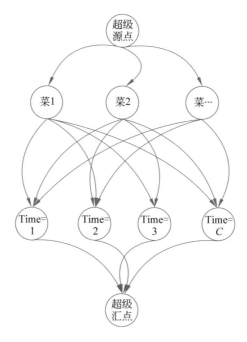

图 9.20 最小费用最大流网络模型示意图

算法复杂度:本题以 EK+SPFA 实现的费用流算法时间复杂度为 $O(N\times E\times K)$,其中 K 为最大流值。但时间上的期望时间复杂度为:$O(A\times E\times K)$,其中 A 为所有顶点进队列的平均次数,可以证明 A 一般小于或等于 2。

样例输入:

2
6

```
4 2 4 4 5 2
7
7 7 7 7 7 7 7
```

样例输出：

```
4
12
```

根据上述解题思路，建立网络模型并执行 EK 算法（见图 9.20），便可以得到最少代价值是多少。

关键代码如下。

```
inline void add(int x,int y,int z,int w){
    a[++o].flow=z,a[o].w=w,a[o].to=y,a[o].next=head[x],head[x]=o;
}
inline void add_(int a,int b,int flow,int w){
    add(a,b,flow,w),add(b,a,0,-w);
}
inline int SPFA(int st,int ed){
    for(int i=0; i<=550; ++i)dis[i]=inf,pan[i]=0;    //初始化所有顶点
    Q.push(st),pan[st]=1,dis[st]=0,cyf[st]=inf;
    while(!Q.empty()){
        int x=Q.front();
        Q.pop(); pan[x]=0;
        for(int i=head[x],to; i; i=a[i].next)
            if(a[i].flow&&dis[to=a[i].to]>dis[x]+a[i].w){
                dis[to]=dis[x]+a[i].w,pre[to]=i;
                cyf[to]=min(cyf[x],a[i].flow);
                if(!pan[to])pan[to]=1,Q.push(to);
            }
    }
    return dis[ed]!=inf;
}
inline void EK(int st,int ed){
    while(SPFA(st,ed)){
        int x=ed;
        maxflow+=cyf[ed],mincost+=cyf[ed]*dis[ed];
        while(x!=st){                             //和最大流一样的更新
            int i=pre[x];
            a[i].flow-=cyf[ed];
            a[i^1].flow+=cyf[ed];
            x=a[i^1].to;
        }
    }
}
```

```
void cle(){
    o=1;                            //初始化函数
    maxflow=0;mincost=0;
    memset(head,0,sizeof(head));
}
signed main(){
    int opp;cin>>opp;
    while(opp--){
        cin>>n;
        cle();                      //初始化
        for(int i=1; i<=n; i++){
            int besttime;//t
            cin>>besttime ;         //该菜最佳的取出时间
            add_(0,i,1,0);
            for(int j=1; j<=300; j++){
                add_(i,j+200,inf,abs(besttime-j));
            }
        }
        for(int j=1; j<=300; j++){
            add_(j+200,550,1,0);
        }
        int st=0;int ed=550;
        EK(st,ed);
        cout<<mincost<<endl;
    }
    return 0;
}
```

测试结果如下。

```
测试用例数：2
烤箱中所放置的菜数目：6
第 1 道菜的最佳时间：4
第 2 道菜的最佳时间：2
第 3 道菜的最佳时间：4
第 4 道菜的最佳时间：4
第 5 道菜的最佳时间：5
第 6 道菜的最佳时间：2
最少不愉快值为：4
烤箱中所放置的菜数目：7
7 道菜的最佳时间 ti 均为 7
最少不愉快价值为：12
```

习 题

1. 琪琪旅行

问题描述：有一天，琪琪想去看望她的一个朋友。由于她容易晕车，她想尽快赶到朋友家。现在给你一张城市交通路线的地图，以及琪琪家附近的车站，这样她就可以走了。你可以假设琪琪可以在任何车站换车。请找出琪琪需要花费的最少时间。为了方便起见，如果一个城市有 n 个公共汽车站，这些车站将被表示为一个整数 $1,2,3\cdots n$。

输入描述：每组样例均以 3 个整数 n、m 和 s 开头（$n<1000$、$m<20000$，$1\leqslant s\leqslant n$），n 代表该城市的公交车站数量，m 代表有公交线路数量（也许在两个公交车站之间有多条线路），s 代表琪琪朋友家附近的公交车站编号。

随后 m 行，每行包含 3 个整数 p,q,t（$0<t\leqslant 1000$）。意思是从车站 p 到车站 q 有一条路线，花费 t 分钟。

接下来一行是一个整数 w（$0<w<n$），表示琪琪家附近的车站数量，她可以任选一个车站作为出发站。

接下来一行是 w 个整数，代表这些站的编号。

输出描述：每个样例一行输出：琪琪需要花费的最少时间，如果找不到这样的路线，只需输出 -1 即可。

样例输入：

```
5 8 5
1 2 2
1 5 3
1 3 4
2 4 7
2 5 6
2 3 5
3 5 1
4 5 1
2
2 3
```

样例输出：

```
1
```

2. 糖果分配

问题描述：幼儿园中现在有 n 个孩子，编号依次从 1 到 n，每个孩子都喜欢糖果，已知现在有 m 组关系 (a,b,c) 表示编号为 b 的孩子的糖果最多比编号为 a 的孩子的糖果多

c 个。现在老师艾米莉想知道在满足 m 组关系条件的情况下,n 号孩子与 1 号孩子的糖果数最多相差多少?

输入描述:第一行输入孩子数量 n,关系条件数 m,之后 m 行每行输入一组关系条件 (a,b,c),表示编号为 b 的孩子的糖果最多比编号为 a 的孩子的糖果多 c 个。

输出描述:n 号孩子与 1 号孩子的糖果数最多相差数量。

样例输入:

```
2 2
1 2 5
2 1 4
```

样例输出:

```
5
```

3. 净收益最大的实验计划

问题描述:X 教授正在为火星航天中心计划一系列的太空飞行。每次太空飞行可进行一系列实验而获取利润。现已确定了一个可供选择的实验集合 S 和进行这些实验需要使用的全部仪器的集合 Q。实验 i 需要用到的仪器是 Q 的子集。配置仪器 Q_i 的费用为 p_i 美元。实验 S_i 的赞助商已同意为该实验结果支付 q_i 美元。X 教授的任务是找出一个有效算法,确定在一次太空飞行中要进行哪些实验并因此而配置哪些仪器才能使太空飞行的净收益最大。这里净收益是指进行实验所获得的全部收入与配置仪器的全部费用的差额。对于给定的实验和仪器配置情况,找出净收益最大的实验计划。

输入描述:第一行输入 2 个正整数 m 与 n,分别表示实验数与仪器数。接下来的 m 行,每一行是一项实验数据,第一项数据是赞助商同意支付的费用,接下来是该实验需要用到的仪器编号。最后一行的 n 个数是配置每个仪器的费用。

输出描述:第一行为实验编号,第二行为仪器编号,最后一行为最大净收益。

样例输入:

```
2 3
10 1 2
25 2 3
5 6 7
```

样例输出:

```
1 2
1 2 3
17
```

4. 最小跳跃距离

问题描述:青蛙弗雷迪坐在湖中的一块石头上。突然它注意到坐在另一块石头上的青蛙菲奥娜,弗雷迪计划去看望菲奥娜,但由于水很脏,弗雷迪想避免游泳,而是跳着去接近菲奥娜。因此,弗雷迪考虑使用其他石头作为中间站,并通过几个小跳跃序列接近菲奥娜。为了执行一个给定的跳跃序列,弗雷迪的跳跃范围显然必须至少和序列中最长的跳跃一样长。因此,两块石头之间的青蛙距离(人类也叫它 minimax 距离)被定义为两块石头之间所有可能路径的最小必要跳跃距离。

你得到了弗雷迪的石头、菲奥娜的石头和湖中所有其他石头的坐标。你的工作是计算弗雷迪和菲奥娜之间的青蛙距离。

输入描述:输入将包含一个或多个测试用例。每个测试用例的第一行将包含石头数 $n(2 \leqslant n \leqslant 200)$。下一行 n 包含两个整数 X_i、$Y_i(0 \leqslant X_i, Y_i = 1000)$,表示石头 i 的坐标,其中石头 1 是弗雷迪所在的石头,石头 2 是菲奥娜所在的石头。

输出描述:一个数(保留小数点后 3 位),表示弗雷迪和菲奥娜的石头之间的青蛙距离。

样例输入:

```
2
0 0
3 4
```

样例输出:

```
Frog Distance = 5.000
```

5. 蜥蜴逃脱

问题描述:在一个 r 行 c 列的网格地图中有一些高度不同的石柱,一些石柱上站着一些蜥蜴,你的任务是让尽量多的蜥蜴逃到边界外。每行每列中相邻石柱的距离为 1,蜥蜴的跳跃距离是 d,即蜥蜴可以跳到平面距离不超过 d 的任何一个石柱上。石柱都不稳定,每次当蜥蜴跳跃时,所离开的石柱高度减 1(如果仍然落在地图内部,则到达的石柱高度不变),如果该石柱原来高度为 1,则蜥蜴离开后消失。以后其他蜥蜴不能落脚。任何时刻不能有两只蜥蜴在同一个石柱上。

输入描述:输入第一行为 3 个整数 r、c、d,即地图的规模与最大跳跃距离。以下 r 行为石柱的初始状态,0 表示没有石柱,1~3 表示石柱的初始高度。以下 r 行为蜥蜴位置,L 表示蜥蜴,"."表示没有蜥蜴。

输出描述:输出仅一行,包含一个整数,即无法逃离的蜥蜴总数的最小值。

样例输入:

```
5 8 2
00000000
02000000
00321100
```

```
02000000
00000000
........
........
..LLLL..
........
........
```

样例输出：

```
1
```

6. 运输货物

问题描述：W 公司有 m 个仓库和 n 个零售商店。第 i 个仓库有 a_i 个单位的货物；第 j 个零售商店需要 b_j 个单位的货物。货物供需平衡，即 $sum(a_i) = sum(b_j)$ 表示供货量等于需求量。从第 i 个仓库运送每单位货物到第 j 个零售商店的费用为 $c[i][j]$。试设计一个将仓库中所有货物运送到零售商的运输方案，使总运输费用最少。对于给定的 m 个仓库和 n 个零售商店间运送货物的费用，计算最优运输方案和最差运输方案费用。

输入描述：

第 1 行有 2 个正整数 m 和 n，分别表示仓库数和零售商店数。

接下来的一行中有 m 个正整数 a_i，$1 \leqslant i \leqslant m$，表示第 i 个仓库有 a_i 个单位的货物。

再接下来的一行中有 n 个正整数 b_j，$1 \leqslant j \leqslant n$，表示第 j 个零售商店需要 b_j 个单位的货物。

接下来的 m 行，每行有 n 个整数，表示从第 i 个仓库运送每单位货物到第 j 个零售商店的费用 $c[i][j]$。

输出描述：程序运行结束时，将计算出的最少运输费用和最多运输费用输出。

样例输入：

```
2 3
220 280
170 120 210
77 39 105
150 186 122
```

样例输出：

```
48500
69140
```

7. 工程分配

问题描述：有 n 件工作要分配给 n 个人做。第 i 个人做第 j 件工作产生的效益为

$c[i][j]$。试设计一个将 n 件工作分配给 n 个人做的分配方案,计算总效益最大值与最小值。$1 \leq n \leq 200$,一个人只能做一个工作。

输入描述:

第一行输入工作数量 n。

接下来 n 行输入第 i 件工作分配给第 j 个人做收获的价值。

输出描述:总效益最大值与最小值。

样例输入:

```
5
2 2 2 1 2
2 3 1 2 4
2 0 1 1 1
2 3 4 3 3
3 2 1 2 1
```

样例输出:

```
5
14
```

8. 铁路问题

问题描述:G 公司有 n 个沿铁路运输线环状排列的仓库,每个仓库存储的货物数量不等。如何用最少搬运量可以使 n 个仓库的库存数量相同。搬运货物时,只能在相邻的仓库之间搬运。求最少搬运量。

输入描述:

文件的第 1 行中有 1 个正整数 n,表示有 n 个仓库。

第 2 行中有 n 个正整数,表示 n 个仓库的库存量。

输出描述:总效益最大值与最小值。

样例输入:

```
5
17 9 14 16 4
```

样例输出:

```
11
```

9. 工厂机器调度

问题描述:我们的几何公主已经停止了她在计算几何方面的学习,集中精力在她新开的工厂。她的工厂引进了 m 台新机器来处理即将到来的 n 项任务。对于第 i 项任务,

工厂必须在第 S_i 天或之后开始处理,处理 P_i 天,并在第 E_i 天或之前完成任务。一台机器一次只能处理一个任务,而每个任务一次最多只能由一台机器处理。但是,一个任务可以在不同的时间在不同的机器上中断和处理。现在她想知道是否有一个可行的时间表来按时完成所有的任务。$n \leqslant 600$ 和 $m \leqslant 300$。

输入描述:

第 1 行中有 2 个正整数 n、m,表示任务数与机器数。

第 2 行开始输入 S_i、P_i、E_i,表示对于第 i 项任务,工厂必须在第 S_i 天或之后开始处理,处理 P_i 天,并在第 E_i 天或之前完成任务。

输出描述:是否有一个可行的时间表来按时完成所有的任务(YES/NO)。

样例输入:

```
4 3
1 3 5
1 1 4
2 3 7
3 5 9
```

样例输出:

```
YES
```

10. 奶牛聚会

问题描述:N 个农场各一头奶牛($1 \leqslant N \leqslant 1000$),将参加在农场 X 举行的大型奶牛派对($1 \leqslant X \leqslant N$)。共 M($1 \leqslant M \leqslant 100000$)单向道路连接成对农场;道路 i 需要 T_i($1 \leqslant T_i \leqslant 100$)分钟。每头奶牛都必须步行去参加聚会,聚会结束后,回到所属农场。每头奶牛都是懒惰的,因此都想选择一条时间最短的最佳路线。因为道路是单向的,一头奶牛的返回路线可能不同于它最初到派对的路线。在所有的奶牛中,步行去派对和回来的时间最长是多少?

输入描述:

第 1 行输入 3 个用空格隔开的整数,表示农场数、道路数、派对位置。

第 2 行到第 $M+1$ 行,每行输入 3 个整数:A_i、B_i 以及 T_i,表示一条道路的起点、终点和需要花费的时间。

输出描述:一个整数:所有参加聚会的奶牛中,需要花费总时间的最大值。

样例输入:

```
4 8 2
1 2 4
1 3 2
1 4 7
```

```
2 1 1
2 3 5
3 1 2
3 4 4
4 2 3
```

样例输出:

```
10
```

第10章 计算几何

10.1 概述

计算几何是算法设计和分析的一个子领域,被用于处理高效的数据结构问题和算法有关的几何问题。计算几何研究的问题主要集中在二维空间上,对三维空间的研究较少。在研究多维空间的问题时,通常假设空间的维数是一个小常数(10 或更低的数)。由于该领域是由受过离散算法训练的研究人员开发的,因此该领域也更加关注几何问题的离散性,而不是连续性问题。计算几何主要处理直线或平面对象(直线、线段、多边形、平面和多面体)或简单的曲线对象(如圆)。这与诸如实体建模之类的领域形成了对比,后者主要研究更复杂的曲线和曲面问题。计算几何最初只是建立在理论基础上,但在过去的几年中得到了越来越多的应用。大多数应用都来自计算机图形学、机器人学、地理信息系统等领域。

1. 计算机图形学

计算机图形学通过可视化的方式将创建的场景模型展现在计算机屏幕、打印机或其他输出设备上。这些场景可以是由简单的线条、多边形和其他原始对象组成的二维图形,也可以是逼真的三维场景(包括光源、纹理等)。后一种类型的场景通常由超过 100 万个多边形或曲面片组成。

由于这些场景模型是由几何对象组成的,所以几何算法在计算机图形学中占有重要的地位。

对于二维图形,典型的问题包括基元之间的交集、确定鼠标指向的基元或确定位于特定区域内的基元子集。

在处理三维问题时,几何问题变得更加复杂。显示三维场景的一个关键步骤是消除隐藏面:准确计算出从特定视点可见的那部分场景,或者换句话说,丢弃被其他面所遮挡的那部分。

为了创建出逼真的场景,我们必须考虑光线问题。这就产生了许多新的问题,例如阴影的计算。因此,真实图像合成需要复杂的显示技术,如光线跟踪和光能传递。在处理移动对象和虚拟现实应用程序时,检测对象之间的碰撞非常重要。所有这些情况都涉及几何问题。

2. 机器人学

机器人学研究机器人的设计和使用。由于机器人是在真实世界的三维空间中工作的几何物体,因此,几何问题在许多地方都会出现。例如运动规划问题,机器人必须在有障碍物的环境中找到一条可行路径。运动规划是任务规划中更普遍的问题之一。这包括计划如何移动、计划执行子任务的顺序等。

在设计机器人和解决机器人工作的工作单元时,还会出现其他几何问题。大多数工业机器人都是有固定底座的机械臂。通过机械臂操作的部件必须是机械臂能够轻松抓取到的。有些部件可能需要固定,这样机器人才能在上面工作。在机器人对它们进行操作之前,它们可能还必须转向一个已知的方向。这些都是几何问题,有时也会有运动学。

3. 地理信息系统

地理信息系统,简称 GIS,存储城市的坐标、山脉高度、河流走向、不同地点的植被类型、人口密度或降雨量等地理数据。它们还可以存储城市、公路、铁路、电线或煤气管道等人造结构。地理信息系统可以用来提取某些地区的信息,特别是获取不同类型数据之间关系的信息。例如,生物学家可能希望将平均降雨量与某些植物的存在联系起来,土木工程师可能需要查询地理信息系统,以确定在要进行挖掘工程的地段下面是否有燃气管道。

由于大多数地理信息都涉及地球表面的点和区域,因此这种情况会出现大量几何问题。由此产生的数据量是巨大的,我们必须设计高效的算法来求解问题。

10.2 相关几何知识

10.2.1 向量

对于计算应用来说,用斜率和截距来描述事物是非常不方便的。有太多的特殊的问题会出现除数为零的情况,此时,我们可以用向量来描述这些问题。

人们通常用一条带箭头的直线表示向量。直线的长度表示向量的大小,箭头的方向表示向量的方向,通常我们称起点(没有箭头)为向量的尾部,终点(有箭头)为向量的头部。

1. 位置向量

在处理点时,我们考虑的是位置向量。点 P 的位置向量是尾部在原点 O,头部在 P 的向量。如果点 P 的坐标为 (x,y),那么向量也由两个数字 x 和 y 表示,通常写为 $\begin{bmatrix} x \\ y \end{bmatrix}$。$P$ 的位置向量通常用 P 或 OP 表示。

在代码中,我们通常使用类或结构体来实现这一点。

2. 向量的加法和减法

向量的加减运算只需将每个向量对应的部分相加或者相减:

$$\begin{bmatrix} x_1 \\ y_1 \end{bmatrix} + \begin{bmatrix} x_2 \\ y_2 \end{bmatrix} = \begin{bmatrix} x_1 + x_2 \\ y_1 + y_2 \end{bmatrix}$$

$$\begin{bmatrix} x_1 \\ y_1 \end{bmatrix} - \begin{bmatrix} x_2 \\ y_2 \end{bmatrix} = \begin{bmatrix} x_1 - x_2 \\ y_1 - y_2 \end{bmatrix}$$

向量加法的几何表示如图 10.1 所示，如果位置向量 **a** 和 **b** 相加，首先确定 **a** 的位置，然后移动 **b**（不可旋转），使其尾部位于 **a** 的头部。**b** 的头部位置是位置向量 **a**+**b** 的头，而它的尾部在原点。如果先确定 **b** 的位置，然后移动 **a**，结果还是一样的，如图 10.1 所示。

如果位置向量 **a** 和 **b** 相减，则相当于位置向量 **a** 和 −**b** 相加，−**b** 与 **b** 的区别只是方向相反。

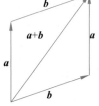

图 10.1 向量加法

3. 向量缩放

将向量乘以一个系数可以更改向量的大小，但不改变方向。例如，如果将一个向量乘以 2，它就会变成原来的两倍长。乘以 1/3 它就会缩小到原来长度的 1/3。

$$c \cdot \begin{bmatrix} x \\ y \end{bmatrix} = \begin{bmatrix} cx \\ cy \end{bmatrix}$$

4. 向量的模

P 的长度即向量的模，表示为 $\|P\|$。如果 $P=(x,y)$，则 $\|P\| = \sqrt{x^2+y^2}$，这个表示很容易理解，是坐标系中基本距离公式的应用。

5. 向量的方向

我们如何测量向量的方向？最方便的方法就是利用向量与水平面的夹角。$\begin{bmatrix} x \\ y \end{bmatrix}$ 的方向可以计算为 $\theta = \arctan\left(\dfrac{y}{x}\right)$。

注意：这里可能存在除数为零的问题。可以用 C++ 和 Java 的 atan2 函数来解决这个问题。函数的参数是弧度而不是角度值。

6. 单位向量

另一种表示方向的方法是用单位向量。所有单位向量的长度都为 1，所以唯一重要的是它的方向。例如，向量 $\begin{bmatrix} 0 \\ 1 \end{bmatrix}$ 是沿 y 轴方向的单位向量，而 $\begin{bmatrix} \frac{1}{\sqrt{2}} \\ \frac{1}{\sqrt{2}} \end{bmatrix}$ 是与水平面夹角为 45° 的单位向量。

给定一个向量 P,沿着这个方向的单位向量为 $\dfrac{P}{\|P\|}$。可理解为,将该向量除以它的模,该向量的长度缩放为1。

沿 x 轴和 y 轴的单位向量通常表示为 $\hat{i}$ 和 $\hat{j}$(在三维空间中,$\hat{k}$ 表示 z 轴单位向量)。这给了我们另一种表示法。例如,可以把$(3,4)$的位置向量写成 $3\hat{i}+4\hat{j}$。

7. 线段

也经常用向量来表示线段 AB,其中 A 和 B 是两个点。向量的模是线段的长度,方向是线段的方向。

可得到:$AB=B-A$。只需减去位置向量,但请注意,是"头减去尾"。如果反过来做,会得到相反的向量。

8. 多边形

通常认为多边形是由多个点连接而成,并且最后一个点与第一个点重合。多边形有3大类。

(1) 凸面:所有内角小于 180°,如图 10.2 所示。
(2) 凹面:一个或多个内角大于 180°,如图 10.3 所示。
(3) 复杂图形:存在一条或多条边相交,如图 10.4 所示。

图 10.2　凸面　　　　图 10.3　凹面　　　　图 10.4　复杂图形

一般来说,将 n 边形的 n 个点记为 $P_0,P_1,\cdots,P_{n-1}$。因为多边形是闭合的,所以可以说 $P_0=P_n$。

10.2.2　点积和叉积

向量的积有两种类型:一种返回一个数字;另一种返回一个新的向量。

在下面的讨论中,p 和 q 为向量,对应地,$p=(x_1,y_1)$、$q=(x_2,y_2)$。

1. 点积

点积,也称为 p 和 q 的数量积,表示为 $p\cdot q$,且 $p\cdot q=x_1x_2+y_1y_2$。或者,可以将其计算为 $\|p\|\|q\|\cos\theta$,其中 θ 是两个向量之间的夹角。

2. 叉积

p 和 q 的叉积,也称为向量积,表示为 $p\times q$。与点积不同,叉积的结果是一个向量。

$p \times q$ 的大小为 $x_1 y_2 - x_2 y_1$。另一种计算方法是 $\|p\|\|q\|\sin\theta$，其中 θ 是两个向量之间的夹角。

计算出的向量的方向是一个垂直于 p 和 q 的向量，可由右手定则给出。

现实情况中，模的大小总是正的，但是这里给出的表达式可以是负的。正负号可以表示向量的方向，对于我们将要讨论的基本算法是非常有用的。

10.2.3 基本应用

1. 零测试

如果两个向量之间的夹角是 π/2 或 −π/2（即两向量垂直），余弦系数为零，因此点积也为零。这是一个非常简单的垂直度测试。

如果两个向量之间的夹角为 0 或 π（即它们指向同一方向或相反方向），那么正弦系数为 0，因此叉积为 0。这个测试最常见的应用是检查 3 个点是否在一条线上。要测试 A、B 和 C 是否在一条线上，只需检查 $AB \times AC$ 是否等于零。

2. 模

可以用点积来计算 p 的模，为 $\sqrt{p \cdot p}$。如果可以的话，可用平方来代替，这避免了平方根的舍入误差，并且如果所有点的坐标是整数（非常常见），这样计算也很方便。

3. 角度

计算两个向量 p 和 q 之间的夹角，可以使用以下关系式：

$$\frac{p \times q}{p \cdot q} = \frac{\|p\|\|q\|\sin\theta}{\|p\|\|q\|\cos\theta} = \tan\theta$$

请注意，此角度可能为负，这可以用于求点是否在面内算法。

4. 面积

三角形 ABC 的面积为 $\frac{1}{2}\|AB \times AC\|$。如果有一个平行四边形 $ABCD$，它的面积为 $\|AB \times AC\|$。

需要注意的一点是，这个面积是一个有符号的值，所以它可以是负数。运算时请取绝对值。

对于多边形的每条边（两个相邻顶点连接的边），通过从每个点对 x 轴做一条垂直线来创建一个梯形，如图 10.5 所示。

设顶点 $P_i(x_i, y_i)$ 和 $P_{i+1}(x_{i+1}, y_{i+1})$，那么这个梯形带符号的面积值由下式给出：

$$A_i = \frac{1}{2}(x_{i+1} - x_i)(y_i - y_{i+1})$$

将多边形每条边的梯形面积（带符号）相加，就得到了多边形的面积（带符号）。同样，不要忘记在最后取绝对值。

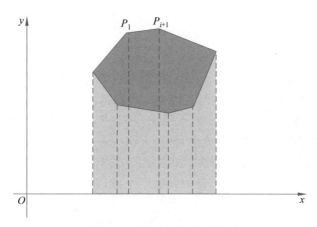

图 10.5 计算多边形的面积

$$A = \sum_{i=0}^{n-1} A_i$$

可以证出，通过对多边形每条边的位置向量的叉积求和，可以获得相同的结果：

$$A = \frac{1}{2} \sum_{i=0}^{n-1} \| \boldsymbol{P}_i \times \boldsymbol{P}_{i+1} \|$$

10.2.4 点是否在面内

常见的操作是检查点 Q 是否包含在多边形中。可以使用两个向量之间的角度公式来实现。对于多边形每对相邻顶点 P_i 和 P_{i+1}，取向量 QP_i 和 QP_{i+1}，计算它们之间的角度并求和，取结果的绝对值，如图 10.6 所示。

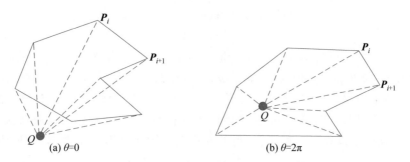

图 10.6 点在多边形内部和点在多边形外部

（1）如果结果为 0，则该点位于多边形外部。
（2）如果结果为 2π，则该点在多边形内部。
（3）如果结果为 π，则该点位于多边形的边上。

该算法适用于凸多边形和凹多边形。但是，当点 Q 与多边形的顶点相同时，该算法会失败，但这很容易检查出来。

在解决这样的问题时，一定要弄清楚它是如何定义"内部"和"外部"的。点位于边或顶点上的情况可以属于"内""外"中的一种，也可以认为不属于任何一种，取决于具体问题。

10.2.5 方向

为了区别图形各个部分的特性,需要对图形的点进行一种几何运算,这种计算类似于数字的比较关系运算。由于 d 维空间中的两个点没有内在联系,没有自然而然的比较方式,但是在 d 维空间中点的有序 $(d+1)$ 元组中,两个点之间是存在一种自然联系的,这种联系扩展了一维空间中二元关系的概念,称为方向。

例如在二维空间中是用点的有序 3 元组定义方向。因为二维空间是一个平面,用 1 个点或者 2 个点都不足以定义方向,最少需要 3 个点(并且是有顺序的 3 个点)才能定义方向。

给定平面上点的有序三元组 $<p,q,r>$,如果它们的方向是逆时针,则它们的方向为正;如果它们的方向是顺时针,则它们的方向为负;如果它们共线,则它们的方向为零,如图 10.7 所示。注意,方向取决于点的给定顺序。

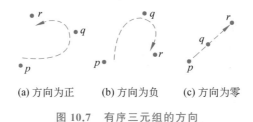

(a) 方向为正　　(b) 方向为负　　(c) 方向为零

图 10.7　有序三元组的方向

方向定义为齐次坐标中给定点的行列式,即每个坐标前加 1。

$$O(p,q,r)=\det\begin{vmatrix}1 & p_x & p_y \\ 1 & q_x & q_y \\ 1 & r_x & r_y\end{vmatrix}$$

例如,在平面上,可观察到在一维情况下,方向 (p,q) 表示为 $(q-p)$。因此,如果 $p<q$,则方向为正;如果 $p=q$,则为零;如果 $p>q$,则方向为负。因此,在一维空间中运算符号 $<$、$=$、$>$ 可推导出向量的方向。还要注意,如果点被平移、旋转或缩放(比例系数为正),则有序三元组的方向符号不变。例如 $f(x,y)=(-x,y)$,称为反射转换,改变横坐标的符号,方向随之变换。一般来说,点的变换会引起矩阵符号的改变,方向也就会发生变化。

一般来说,给定三维空间中的有序四元组的点,也可以将它们的方向定义为正(正螺旋)、负(负螺旋)或零(共面)。这可以推广到 d 维空间中的任意有序 $(d+1)$ 元组的点。

10.2.6 面积和角度

方向行列式和欧几里得范数可用于计算平面中的角度。行列式 $O(p,q,r)$ 等于三角形 $\triangle pqr$ 面积(带符号)的两倍(逆时针方向为正,反之为负)。因此,三角形的面积可以用这个量除以 2 来确定。一般来说,在 d 维空间中,由 $d+1$ 个点构成的简单图形的面积可以用这个行列式除以 $d!$ 来确定。一旦知道一个三角形的面积,就可以用三角形面积之和来计算一个多边形的面积。

前面讲过,点积的返回值是一个角度的余弦。但是,这对区分角度的正负没有帮助。角 $\theta = \angle pqr$(向量 $\boldsymbol{p}-\boldsymbol{q}$ 到向量 $\boldsymbol{r}-\boldsymbol{q}$ 的角度)可计算为

$$\sin\theta = |\boldsymbol{p}-\boldsymbol{q}||\boldsymbol{r}-\boldsymbol{q}|O(q,p,r) \quad \text{(注意参数的顺序)}$$

知道了角的正弦和余弦,就可以确定角度。

10.2.7 凸性

现在考虑计算几何中的一个基本结构,称为凸包。凸包可以通过用一根弦环绕一组点并让弦紧紧地围绕这些点来直观地定义(稍后将给出更正式的定义),如图 10.8 所示。

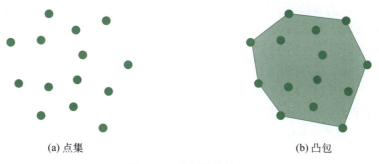

(a) 点集　　　　　　　　　　(b) 凸包

图 10.8　点集及其凸包

点集的凸包是一种重要的几何结构,其原因是多方面的。其一,它是一组点的最简单的近似形状之一。它也可以用来近似表示更复杂的形状。例如,平面中的多边形或三维空间中的多面体的凸包就是其顶点的凸包。

还有许多算法将凸包作为执行的初始阶段来计算,或者过滤掉不相关的点。例如,为了找到包围一组点的最小矩形或三角形,但必须先计算点的凸包,然后找到将凸包包围的最小矩形或三角形。

凸性:给定任意点 $p,q \in S$,则如果集合 S 是凸的,那么 p 和 q 的任何凸组合都在 S 中,也可以说线段 $\overline{pq} \subseteq S$。

凸包:任何集合 S 的凸包是包含 S 的所有凸集的交集,或者更直观地说,是包含 S 的最小凸集。按照本书中的符号,将它表示为 CH(S)。

凸包的一个等价的定义是:可以表示为 S 中点的凸组合的点集(可以在任何关于凸性理论的书中找到证明)。3 个或更多点的凸组合的系数总和为 1,且所有系数都在区间 [0,1] 内。

◆ 10.3　计算几何示例与分析

10.3.1　点到直线的距离、判断线段是否相交

例 10.1　给出一个点 A 和一条直线 BC,点和直线均以坐标形式给出:$A(x_1,y_1)$、$B(x_2,y_2)$、$C(x_3,y_3)$,现要求出点 A 到直线 BC 的距离,如图 10.9 所示。

思路(要求用多种方法求解点到直线的距离):

方法 1:如果已知一条直线的方程($Ax+By+C=0$)和一个点的坐标(x,y),那么可以直接利用点到直线的距离公式:

$$d = \left| \frac{Ax+By+C}{\sqrt{A^2+B^2}} \right|$$

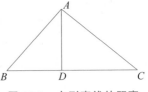

图 10.9 点到直线的距离

方法 2:已知 3 点的坐标,也就是此题中给出的例子,那么可以利用向量公式(当然也可以根据两点坐标直接求出直线方程,再利用上述方法。这里我们用一种新的方法)。

(1) 根据向量公式 $BC \cdot BA = \|BC\| \cdot \|BA\| \cdot \cos B$,求出 $\cos B$。

(2) 我们可以很快求出 BD,$BD = AB \cdot \cos B$,可以直接利用向量公式求出。

(3) 在求出 BD 后,可以直接用勾股定理求出 AD($AB^2 = BD^2 + AD^2$),即 A 到 BC 的距离。注意,以上 AB、BD、AD 都表示向量长度,即 $BD = \|BD\|$。

这样我们可以在 $O(1)$ 的复杂度内求出答案。

这里给出的是点的坐标,所以我们选用第二种方法。

代码如下。

```cpp
struct Point{                                    //点
    double x,y;
};
struct Vec{                                      //向量
    double x,y;
};
double dis(Point pos1,Point pos2){               //两点间求距离的平方
    return (pos1.x -pos2.x) * (pos1.x -pos2.x) +(pos1.y -pos2.y) * (pos1.y -pos2.y);
}
double mul(Vec a,Vec b){                         //向量积
    return a.x * b.x +a.y * b.y;
}

int main (){
    Point A,B,C;
    cin>>A.x>>A.y>>B.x>>B.y>>C.x>>C.y;
    Vec BA,BC;
    BA.x = A.x -B.x;
    BA.y = A.y -B.y;
    BC.x = C.x -B.x;
    BC.y = C.y -B.y;
    double ji = mul(BA,BC);                      //求出两向量的向量积
```

```
        double len_BD = ji / sqrt(dis(B,C));              //求出 BD 的长度
        double ans = sqrt(dis(A,B) -len_BD * len_BD);     //由勾股定理得到答案
        cout<<ans<<endl;
        return 0;
}
```

样例输入：

```
0 2 -1 0 1 0
```

样例输出：

```
2.000
```

样例解释：

① 求出两向量 $BA(1,2),BC(2,0)$，求出向量积 $x=1\times 2+2\times 0=2$，如图 10.10 所示。

② 求出 BC 长度，$BC=2$，求出 BD（BD 实际为 BA 向量在 BC 上的投影），$BD=x/BC=1$，如图 10.11 所示。

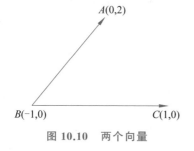 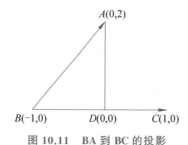

图 10.10　两个向量　　　　　　　　图 10.11　BA 到 BC 的投影

③ 最后由勾股定理求出 $AD=\sqrt{2-1}=1$。

例 10.2　给出平面内两条线段的端点，判断两条线段是否相交（重合或者有一个交点都算相交），如果相交输出 1，否则输出 0。

输入：一行 8 个整数 $x_1,y_1,x_2,y_2,x_3,y_3,x_4,y_4$，分别代表两条线段的 4 个端点的坐标。

输出：一个整数（1 或 0），代表两条线段是否相交。

思路：首先需要知道向量叉积的定理，若已知两向量 A、B，若向量叉积 $A\times B$ 的值大于 0，则 A 在 B 的顺时针方向，若小于 0 则 A 在 B 的逆时针方向，若等于 0 说明两向量平行。

如图 10.12 所示，OA 向量在 OB 向量的逆时针方向。

若已知向量 $a(x_1,y_1)$、$b(x_2,y_2)$，下面给出了向量叉积的计算公式。

$$a\times b \Rightarrow \begin{pmatrix} x_1 & y_1 \\ x_2 & y_2 \end{pmatrix} \Rightarrow x_1\times y_2 - x_2\times y_1$$

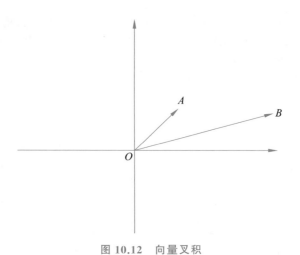

图 10.12　向量叉积

了解完向量叉积的定义后该如何解决线段相交的问题呢？首先考虑一条直线 AB 与一条线段 CD 相交的问题。

如果 C 点和 D 点分别在直线的两端，那么就可以得出线段 CD 与直线 AB 相交。

如图 10.13 所示，AC 向量在 AB 向量的逆时针方向，而 AD 向量在 AB 向量的顺时针方向，即 C,D 分别在直线 AB 两侧，可以得出线段 CD 与直线 AB 相交。

我们进一步讨论线段与线段相交的问题。

但是如果 AB 也是线段就会出现如图 10.14 所示的情况。

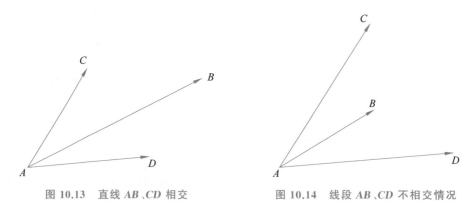

图 10.13　直线 AB、CD 相交　　　　图 10.14　线段 AB、CD 不相交情况

虽然现在满足了 C,D 分别在线段 AB 的两侧，但两条线段并不相交，那这应该如何解决呢？

可以发现此时 A、B 在线段 CD 的同侧，所以它不满足相交，如果 A、B 也在线段 CD 的异侧，那就可以判定线段相交了。

可以得出结论：对于两条线段 AB、CD，如果点 A，B 分别在线段 CD 的异侧且点 C，D 分别在线段 AB 的异侧，那么就可以得出两条线段相交。

代码如下。

```
struct Point{         //点
    double x,y;
};
struct Vec{           //向量
    double x,y;
};
double mul(Vec a,Vec b){
    return a.x * b.y -a.y * b.x;
}
bool cal(Point A,Point B,Point C,Point D){      //判断点 A、B 是否在 CD 的异侧
    Vec CA = {A.x -C.x,A.y -C.y};
    Vec CD = {D.x -C.x,D.y -C.y};
    Vec CB = {B.x -C.x,B.y -C.y};
    double ans1 = mul(CA,CD);                    //求 CA、CD 的向量积
    double ans2 = mul(CB,CD);                    //求 CB、CD 的向量积
    if(ans1 * ans2 <= 0) return 1;               //异号说明不在同侧
    return 0;
}
bool check(Point A,Point B,Point C,Point D){     //同时满足分别在异侧
    if(cal(A,B,C,D) == 0) return 0;
    if(cal(C,D,A,B) == 0) return 0;
    return 1;
}
int main (){
    Point A,B,C,D;
    cin>>A.x>>A.y>>B.x>>B.y>>C.x>>C.y>>D.x>>D.y;
    cout<<check(A,B,C,D)<<endl;
    return 0;
}
```

样例输入：

0 5 10 -5 -15 0 10 0

样例输出：

1

样例解释（见图 10.15）：

首先分别求出 CA、CD、CB 3 个向量为：$CA(15,5)$，$CD(25,0)$，$CB(25,-15)$。

再求出 $CA \times CD = 125$，$CB \times CD = -375$。两者异号，说明点 A、B 在线段 CD 的异侧。

同理可以得出点 C、D 也在线段 AB 的异侧，因此可以得出两线段相交。

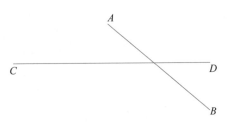

图 10.15 线段相交

10.3.2 凸包问题(极角排序)

例 10.3 给出 n 个点其中一定包含 $(0,0)$ 点,这 n 个点构成凸多边形(如果一个多边形中任意两个顶点的线段都包含在多边形内,则称为凸多边形)且不存在 3 个点在同一直线上,请以 $(0,0)$ 为起点按逆时针顺序输出这 n 个点,如图 10.16 所示。

思路:首先了解一下极角排序的概念。

如图 10.17 所示,在平面内取一个定点 O,称为极点,引一条射线 Ox,称为极轴,再选定一个长度单位和角度的正方向(通常取逆时针方向)。对于平面内任何一点 M,用 ρ 表示线段 OM 的长度(有时也用 r 表示),θ 表示从 Ox 到 OM 的角度,ρ 称为点 M 的极径,θ 称为点 M 的极角,有序数对 (ρ,θ) 就称为 M 的极坐标。

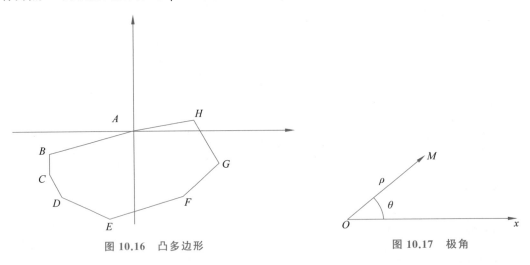

图 10.16 凸多边形　　　　　　图 10.17 极角

极角排序即对于平面内的一些点,把它们按照选定的点为中心按极角大小排成顺(逆)时针。

在例 10.1 中,已经了解到了叉积的定义,对于两个向量可以根据它们的叉积的正负来判断它们的相对位置。要按照逆时针方向对点进行排序,在选定极点 O 后,如果向量 OA 在向量 OB 的顺时针方向,那么就可以让 A 点排在 B 点的前面。这样就可以根据叉积的正负来确定排序规则。

在图 10.18 中对于向量 OC 和向量 OD,它们的叉积 $OC \times OD > 0$,我们让 C 排在 D 的前面。同时,定义出 sort 的排序规则,最后直接用 sort 排序。时间复杂度为 $O(n\log n)$。

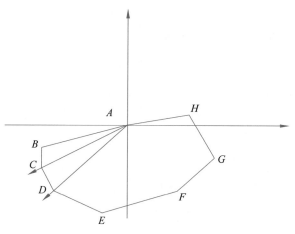

图 10.18 极角排序

代码如下。

```
int n;
struct Point{       //点
    double x,y;
}p[maxn];
Point C;
struct Vec{         //向量
    double x,y;
};
double mul(Vec a,Vec b){
    return a.x * b.y - a.y * b.x;
}
bool cmp(Point A,Point B){
    Vec CA = {A.x - C.x,A.y - C.y};
    Vec CB = {B.x - C.x,B.y - C.y};
    return mul(CA,CB) > 0;
}
int main(){
    cin>>n;
    for(int i = 1; i <= n; i ++){
        cin>>p[i].x>>p[i].y;
    }
    C = {p[1].x,p[1].y};
    sort(p +2,p +n +1,cmp);
    for(int i = 1; i <= n; i ++){
        cout<<p[i].x <<" "<<p[i].y<<endl;
    }
    return 0;
}
```

样例输入：

```
10
0 0
70 -50
60 30
-30 -50
80 20
50 -60
90 -20
-30 -40
-10 -60
90 10
```

样例输出：

```
0 0
-30 -40
-30 -50
-10 -60
50 -60
70 -50
90 -20
90 10
80 20
60 30
```

样例解释：以(0,0)为极点按极角排序规则排序后可得到答案。

10.3.3 利用叉积计算多边形面积

利用叉积求计算多边形面积

例 10.4 平面内的 n 个点围成了一个凸多边形，现按逆时针方向的顺序给出这 n 个点的坐标，求这个凸多边形的面积。

思路：如果是一个三角形，有很多方法可以求出它的面积；如果是多边形，是不是可以把它分成多个三角形呢？

对于一个由 n 个点的多边形，可以把这个多边形分成 $n-2$ 个三角形，然后对这些三角形的面积求和。

如图 10.19 所示的多边形，可以把它分割成 6 个三角形求解。

求三角形面积可以用如下两种方法之一进行求解。

(1) 先求出 3 条边的长度，然后用海伦公式即可得出三角形面积。

$$S = \sqrt{P(P-a)(P-b)(P-c)}$$ （P 为三角形周长的一半）

(2) 三角形两条边的向量的叉积就是三角形面积的两倍，只要求出叉积除以二就能求出三角形面积。如图 10.20 所示的三角形面积为 $AB \times AC/2$。

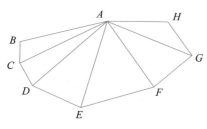
图 10.19 凸多边形面积

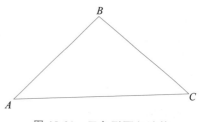
图 10.20 三角形面积计算

第二种方法的精度更高,所以在此题中用第二种方法求三角形面积。

效率分析:只需要遍历一遍每个三角形,复杂度 $O(n)$。

代码如下。

```
int n;
struct Point{                        //点
    double x,y;
}p[maxn];
Point C;
struct Vec{                          //向量
    double x,y;
};
double mul(Vec a,Vec b){             //叉积
    return a.x * b.y -a.y * b.x;
}
double cal(Point A,Point B,Point C){ //用叉积求三角形面积
    Vec AC = {C.x -A.x,C.y -A.y};
    Vec AB = {B.x -A.x,B.y -A.y};
    return mul(AB,AC) / 2;
}
double getans(){                     //求多边形面积
    double ans = 0;
    for(int i = 2; i +1 <= n; i ++){
        ans += cal(p[1],p[i],p[i +1]);
    }
    return ans;
}
int main (){
    cin>>n;
    for(int i = 1; i <= n; i ++){
        cin>>p[i].x>>p[i].y;
    }
    cout<<getans()<<endl;
    return 0;
}
```

样例输入:

```
4
0 0
10 0
10 10
0 10
```

样例输出:

```
100
```

样例解释:对于图 10.21 的多边形,固定点 A,和其他点两两构成三角形,在这里可以把它分成两个三角形 ABC 和 ACD。

$AB(10,0), AC(10,10) \Rightarrow S(ABC) = \frac{1}{2} \times 10 \times 10 = 50$

$AC(10,10), AD(0,10) \Rightarrow S(ACD) = \frac{1}{2} \times 10 \times 10 = 50$

$S(ABCD) = S(ABC) + S(ACD) = 100$

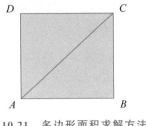

图 10.21 多边形面积求解方法

10.4 能 力 拓 展

10.4.1 不同直线计数

二维平面上有 n 条由点对 (x_1, y_1)、(x_2, y_2) 构成的直线,但可能有多条直线表示的是同一条直线,请问平面上一共有多少条不同的直线?

根据两点可以确定一条直线,根据两点可以求出直线的斜截式,即 $y = kx + b$ 的形式。利用 map 来存直线的 k 和 b,这样就可以求出直线的条数了。

但是有几个需要注意的地方。

(1) 已知两点的坐标,我们可以得出 $k = (y_2 - y_1)/(x_2 - x_1)$,$b = (x_1 \times y_2 - x_2 \times y_1)/(x_2 - x_1)$。

(2) 如果直接用小数的话会有浮点误差,也就是说原本斜率相差很小的两条直线可能会被当成一条直线。所以在此题中用分数的形式来保存斜率和截距。

(3) 还存在斜率不存在的情况,也就是 $x_2 = x_1$,这种情况可以特殊考虑。

(4) 最后在用分数表示一个数时,我们要化简成最简分数的形式。

代码如下。

```
typedef long long ll;
map<pair<pair<ll,ll>,pair<ll,ll>>,int> mp;
map<ll,int>m;
pair<ll,ll> k,b;
ll gcd(ll a,ll b) {
```

```
        if(b == 0) return a;
        return gcd(b,a %b);
}
int main () {
    int n,ans=0;
    cin>>n;
    for(int i=0; i<n; i++) {
        ll x1,y1,x2,y2;
        scanf("%lld%lld%lld%lld",&x1,&y1,&x2,&y2);
        ll x = x1 -x2,y = y1 -y2;
        ll z = x1 * y2 -x2 * y1;
        if(x1 == x2) {                  //斜率不存在
            if(m[x1]==0) ans++;
            m[x1]++;
            continue;
        }
        ll g1=gcd(x,y);                 //求 gcd
        ll g2=gcd(x,z);
        k = {y / g1, x / g1};           //化成最简分数
        b = {z / g2, x / g2};
        if(mp[{k,b}] == 0) {
            ans ++;
            mp[{k,b}]++;
        }
    }
    cout<<ans<<endl;
}
```

样例输入：

```
2
0 0 1 1
1 1 2 2
```

样例输出：

```
1
```

样例解释：两条直线表示的都是 $y=x$，所以只有一条直线。

10.4.2 面积最大的三角形

给定平面内的 n 个点（$n \leqslant 20$），找出一个由其中 3 个点组成的面积最大的三角形，使得其他点都不在三角形内（在三角形内是指在三角形的内部或在一条边上）。

因为问题的数据范围较小,可以通过枚举 3 个点的坐标来逐一判断,其中的关键在于判断一个点是否在三角形内。

判断一个点在不在三角形内有多种方法。

(1) 分别以这个点和 3 条边上的两点构成 3 个小三角形,然后求出 3 个小三角形的面积,看 3 个小三角形的面积之和是否与大三角形相等即可。

(2) 在前面的例题中已经了解了向量的叉积的定义,在此题中可以用向量叉积来判断这个点与一条直线的相对位置,如果以顺时针方向判断点与三角形 3 条边的关系,如果这个点位于 3 条边的顺时针方向,那么就可以判断这个点在三角形内。

来看两个例子。

如图 10.22 所示,分别通过叉积判断 D 在 AB、BC、CA 的相对位置,AD 在 AB 的顺时针方向,BD 在 BC 的顺时针方向,CD 在 CA 的顺时针方向,由此就可以判断出 D 在三角形 ABC 的内部。

如图 10.23 所示,分别通过叉积判断虽然 D 在 AB 和 CA 的顺时针方向,但是 BD 在 BC 的逆时针方向,所以判断出 D 在三角形 ABC 外。

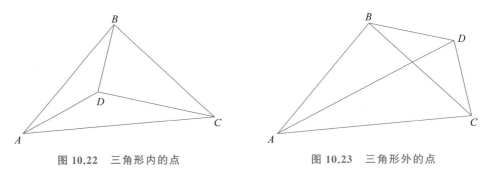

图 10.22　三角形内的点　　　　　图 10.23　三角形外的点

只要沿着某一方向分别判断 3 条边与点的位置关系,就可以判断出点是否在三角形内,由于不知道到底是沿逆时针还是顺时针绕行的,所以只要 3 个叉积同号,就认为点在三角形内。

效率分析:需要暴力枚举 3 个点,再枚举每个点是否在三角形内,复杂度为 $O(n^4)$。

代码如下。

```
int n;
struct Point{                    //点
    double x,y;
}p[maxn];
Point C;

struct Vec{                      //向量
    double x,y;
};
double mul(Vec a,Vec b){         //叉积
    return a.x * b.y -a.y * b.x;
}
```

```
double cal(Point A, Point B, Point C) {            //判断点与边的位置关系
    Vec AC = {C.x -A.x, C.y -A.y};
    Vec AB = {B.x -A.x, B.y -A.y};
    return mul(AB, AC);
}

bool check(Point A, Point B , Point C, Point D) {  //判断点是否在三角形内
    double ans1 = cal(A, B, D);
    double ans2 = cal(B, C, D);
    double ans3 = cal(C, A, D);
    if(ans1 >= 0 && ans2 >= 0 &&ans3 >=0) return 1;
    if(ans1 <= 0 && ans2 <= 0 &&ans3 <=0) return 1;
    return 0;
}
int main () {
    cin>>n;
    for(int i = 1; i <= n; i ++) {
        cin>>p[i].x<<p[i].y;
    }
    double ans = 0;
    for(int i = 1; i +2 <= n; i ++) {
        for(int j = i +1; j +1 <= n; j ++) {
            for(int k = j +1; k <= n; k ++) {
                int flag = 1;
                for(int now = 1;now <= n ; now ++) {
                    if(now == i || now == j || now == k) continue;
                    if(check(p[i],p[j],p[k],p[now])) {
                        flag = 0;
                    }
                }
                if(flag) {
                    ans = max(ans,abs(cal(p[i],p[j],p[k])));
                    //这里取绝对值是因为叉积的值可能为负数
                }
            }
        }
    }
    cout<<ans / 2<<endl;
    return 0;
}
```

样例输入(见图 10.24)：

4
0 0

```
5 10
10 0
15 0
```

样例输出:

```
50
```

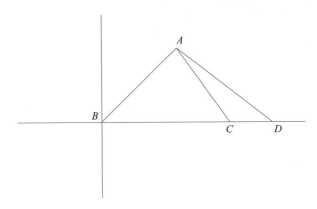

图 10.24 最大面积三角形

对于三角形 ABC, D 在三角形外,满足要求,三角形面积为 50。
对于三角形 ABD, C 在三角形内,不满足要求。
对于三角形 ACD, B 在三角形外,满足要求,三角形面积为 25。
(判断是否在三角形内,在上面已经给出)
所以满足条件的最大三角形为 ABC, 面积为 50。

10.4.3 面积最大的多边形

给出平面内的 n 个点,现需要用这 n 个点围成一个面积最大的多边形(可以只选部分点),并求出这个多边形的面积。

思路:这个题目看上去和例 10.4 差不多,可这个题目并没有规定这 n 个点刚好能构成凸多边形,点的顺序也不一定是按照顺时针或者逆时针方向给出。

显然此题要考察的重点是从这些点中把这个多边形找出来,而不是求面积。

我们来看如图 10.25 所示的例子。

图 10.25 中有 5 个点,显然采用第二种连接方法把 CE 连接起来可以得到最大的面积。

也就是说,只需要选择 5 个点就能构成要得到的凸多边形。该怎么去选择这些点呢?

这就需要找这些点构成的凸包(给定二维平面上的点集,凸包就是将最外层的点连接起来构成的凸多边形,它能包含点集中所有的点)。

对于凸包的求解,我们采用 Graham-Scan 算法。

以左下角的点为原点,按逆时针将边排序,用栈存凸包。过程如下。

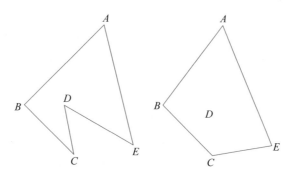

图 10.25　不同面积的多边形

(1) 找出左下角的点。

(2) 以左下角的点作为原点，将其余点逆时针排序(即极角按从小到大排序)。

(3) 将原点以及排序后第一个点压入栈内。

(4) 设栈顶为 top，按排序后的顺序逆时针枚举其他所有点；在考虑某个点时，假设栈中 top−1 的点为 A 点，栈顶的点为 B 点，即将加入的点为 C 点，如果 AB 在 AC 的逆时针方向(AB 和 AC 的叉积小于 0)，那么就弹出 B 点，直到 AB 在 AC 的顺时针方向或者栈中只有一个元素，就把 C 点入栈。

对于步骤(2)中点的逆时针排序，已经在例 10.2 中有所了解。

效率分析：排序的时间复杂度为 $O(n\log_2 n)$，因为每个点最多入栈一次，所以复杂度为 $O(n\log_2 n+n)$。

代码如下。

```
int n,sta[maxn],top;
struct Point{                              //点
    double x,y;
}p[maxn];
Point C;
struct Vec{                                //向量
    double x,y;
};
double dis(Point pos1,Point pos2){         //两点间求距离的平方
    return (pos1.x -pos2.x) * (pos1.x -pos2.x)  +(pos1.y -pos2.y) * (pos1.y -pos2.y);
}
double mul(Vec a,Vec b){                   //叉积
    return a.x * b.y -a.y * b.x;
}
bool cmp(Point A,Point B){                 //比较函数
    Vec CA = {A.x -C.x,A.y -C.y};
```

```
        Vec CB = {B.x -C.x,B.y -C.y};
        if(mul(CA,CB) == 0){                //在同一直线上按照距离排序
            return dis(A,C) <dis(B,C);
        }
        return mul(CA,CB) > 0;
    }
    double cal(Point A,Point B,Point C){    //凸包判断函数,参数 A、B、C 分别表示(栈顶
                                            //   -1)元素、栈顶当前元素、即将加入元素
        Vec AC = {C.x -A.x,C.y -A.y};
        Vec AB = {B.x -A.x,B.y -A.y};
        return mul(AB,AC);
    }
    void sel(){                             //选择凸包中的点
        sta[1] = 1;
        sta[2] = 2;
        top = 2;
        for(int i = 3; i <= n; i ++){
            while(top >= 2 && cal(p[sta[top -1]],p[sta[top]],p[i]) <0) top --;
            top ++;
            sta[top] = i;
        }
    }
    double getans(){
        double ans = 0;
        for(int i = 2; i +1 <= top; i ++){
            ans += cal(p[sta[1]],p[sta[i]],p[sta[i +1]]) / 2;
        }
        return ans;
    }
    int main (){
       cin>>n;
       int root = 1;
       for(int i = 1; i <= n; i ++){
           cin>>p[i].x>>p[i].y;
           if(p[i].y <p[root].y  || (p[i].y == p[root].y && p[i].x <p[root].x)){
           //找到最左下角的点
               root = i;
           }
       }
       swap(p[1],p[root]);
       C = {p[1].x,p[1].y};
```

```
    sort(p +2,p +n +1,cmp);
    sel();
    cout<<getans()<<endl;
    return 0;
}
```

样例输入：

```
5
0 0
0 100
100 0
100 100
50 50
```

样例输出：

```
10000
```

样例解释（见图 10.26）：

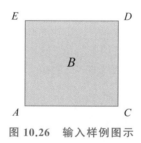

图 10.26　输入样例图示

（1）首先找到左下角的点 $(0,0)$，对 5 个点进行极角排序后得到的顺序是 $A(0,0)$、$C(100,0)$、$B(50,50)$、$D(100,100)$、$E(0,100)$。

（2）接下来模拟找凸包的过程：A,C 入栈→B 入栈（AC、AB 的叉积大于 0，C 无须出栈）→B 出栈（CB、CD 的叉积小于 0，B 需要出栈）→D 入栈→E 入栈→结束。

（3）最后栈中的点为 A、C、D、E，就是我们要找的凸多边形的顶点。

（4）找到凸包中的点后，就可以利用叉积直接求解面积。

习　　题

1. 小河马回家

问题描述：小河马要回到它河边的家里，但它不知道怎样走是最近的，你能帮他找出最近点的位置吗？（保证河流为一条直线且无限长）。

输入描述：一行 6 个实数 P_x、P_y、x_1、y_1、x_2、y_2，分别表示小河马当前的位置和代表

河流的直线。

输出描述：两个实数表示距离小河马最近的河流上的点。

2. 区域划分

问题描述：现有一块圆形区域，小郑想在圆形区域内划出一个正多边形，圆形区域的圆心和半径已经给出，规定正多边形的第一个顶点固定在圆沿着 x 轴正方向最远的位置，现要求按逆时针方向输出所有顶点的坐标。

输入描述：一行 4 个整数 x、y、r、n，分别表示圆心 (x,y)、半径 r、正多边形的边数 n。

输出描述：n 行，每行表示正多边形的每个顶点的坐标，保留两位小数。

3. 顺逆三角

问题描述：按顺序给出三角形的 3 个顶点的坐标 A、B、C，判断这 3 个点是按顺时针顺序还是逆时针顺序给出的。如果是顺时针请输出 1，否则输出 −1。

样例输入：

```
0 0 5 5 10 0
```

样例输出：

```
1
```

样例输入：

```
0 0 10 0 5 5
```

样例输出：

```
-1
```

4. 变化的线段

问题描述：现有一条线段被一个三角形区域给围了起来，但这条线段会改变它的长度和位置，现给出某一时刻线段的位置和三角形区域的位置，要求判断线段是否仍然被三角形区域包围(整条线段必须全部包含在三角区域才算被包围)。

输入描述：

第一行 6 个实数表示三角形 3 个顶点的坐标。

第二行 4 个实数，表示线段两端点的坐标。

输出描述：如果直线被包围，输出 Yes，否则输出 No。

样例输入：

```
0 0 100 0 0 100
10 10
```

样例输出:

```
Yes
```

5. 旋转的齿轮

问题描述：有 3 个相切的齿轮 A、B、C，现让 C 绕 A 和 B 旋转滑动，在旋转一定的圈数后该齿轮会回到原来的位置。现要求出 C 旋转的圈数(见图 10.27)。

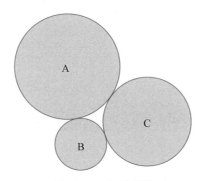

图 10.27　旋转齿轮

输入描述：一行三个实数，分别表示 A、B、C 齿轮的半径。

输出描述：一个实数，C 齿轮翻滚的圈数(结果保留 3 位小数)。

样例输入:

```
5 5 5
```

样例输出:

```
2.667
```

6. 完美直线

问题描述：现给出 n 条线段，是否存在一条直线，使得这条直线与每一条线段都相交，如果存在输出 Yes，否则输出 No。

输入描述：第一行一个整数 $n(n \leqslant 100)$，接下来 n 行，每行 4 个实数 x_1、y_1、x_2、y_2 表示线段的两个端点的坐标。

输出描述：一行，Yes 或 No，表示是否存在一条直线与所有线段相交。

样例输入:

```
3
0.0 0.0 0.0 1.0
0.0 1.0 0.0 2.0
1.0 1.0 2.0 1.0
```

样例输出：

```
Yes
```

样例输入：

```
3
0.0 0.0 0.0 1.0
0.0 2.0 0.0 3.0
1.0 1.0 2.0 1.0
```

样例输出：

```
No
```

7. 顶部木棍

问题描述：在一个二维平面上依次放置 n 条木棍，木棍有一定的长度，厚度忽略不计。现要求出放置完所有的木棍后，有哪些木棍位于这堆木棍的顶端。

输入描述：第一行 1 个整数 $n(n \leqslant 10000)$，接下来 n 行，每行 4 个整数 x_1、y_1、x_2、y_2 表示木棍的两个端点的坐标。

输出描述：一行，顶部木棍的编号，用空格隔开。

样例输入：

```
4
0 0 5 5
-1 1 3 1
3 0 5 0
10 0 10 10
```

样例输出：

```
2 3 4
```

样例解释：2号木棍与1号木棍相交，所以1号木棍并不位于顶端。位于顶端的木棍为 2 3 4。

8. 农夫的围栏

问题描述：农场有 n 座粮仓，农夫想建造一个围栏，使得这个围栏中包含了所有的粮仓且每座粮仓与围栏的距离要不小于 L。农夫想要围栏的周长尽可能小,这样可以节省资金,你能帮帮农夫吗?

输入描述:第一行 2 个整数 $n(n\leqslant 100)$ 和 L,分别表示有 n 座粮仓,以及粮仓与围栏间的最小距离。接下来 n 行每行 2 个实数表示粮仓的坐标。

输出描述:一行,一个整数表示符合题意的围栏的周长(结果向下取整为整数)。

样例输入:

```
9 100
200 400
300 400
300 300
400 300
400 400
500 400
500 200
350 200
200 200
```

样例输出:

```
1628
```

9. 区间投影

问题描述:给出一个光源,在光源下有若干球体,现要求出所有球体在光源照射下的投影区间(只要求出 x 轴方向)。如图 10.28 所示,C 为光源,光源照射下球的投影为 AB。

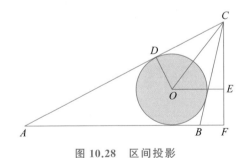

图 10.28 区间投影

输入描述:

第一行一个整数 $n(n\leqslant 100)$,表示圆的个数。

第二行 2 个整数,表示光源的位置。

接下来 n 行,每行 3 个整数 x、y、r,分别表示圆心的位置和圆的半径。

输出描述:一行,所有投影区间的左右端点,重合的投影区间需要合并为一个。

样例输入：

```
1
300 300
300 150 90
```

样例输出：

```
75.00 525.00
```

10. 稳定的凸包

问题描述：给出凸包上的点，要么是顶点，要么是凸包边上的点，现要求判断能不能在原有的凸包上加一些点，得到一个更大的凸包，并且这个凸包包含原有凸包上的所有点。如果能输出 Yes，否则输出 No。

输入描述：

第一行 1 个整数 $n(n \leqslant 10000)$，表示该凸包有 n 个点。

接下来 n 行，每行 2 个整数，表示 n 个点的坐标。

输出描述：输出 Yes 或者 No。

样例输入：

```
6
0 0
1 2
3 4
2 0
2 4
5 0
```

样例输出：

```
Yes
```

第11章 计算复杂度理论

计算复杂度理论（Computational Complexity Theory）是融合了理论计算机科学和数学的一个重要研究领域。研究该理论的主要目的是对可计算问题的求解进行分类和比较。计算复杂度理论试图通过提出一个形式化的标准来精确地描述和分析一个数学问题是否是可行的和可判定的，也就是说，它是否可以由一个传统的计算设备在以与输入规模的多项式函数成比例的多个步骤来求解。该理论致力于将可计算问题根据它们自身的复杂程度进行分类，并研究这些类别之间的关系。

◆ 11.1 计算模型

一个可计算问题被认为是一个原则上可以用计算机解决的问题，亦即这个问题可以用一系列机械的数学步骤解决，例如算法。"可计算"的一些常见同义词是"可解的""可判定的"和"递归的"。德国著名的数学家希尔伯特认为所有的数学问题都是可以解决的，但在20世纪30年代，丘奇（Alonzo Church）和图灵（Alan Turing）等人发现并证明了事实并非如此。对于哪些数学问题是可计算的，哪些是不可计算的，众多的学者进行了广泛的研究并进行了有效的分类。

在20世纪30年代，早在计算机出现之前，世界各地的数学家就发明了精确、独立的可计算性定义。丘奇定义了λ演算（lambda calculus，λ-calculus），哥德尔定义了递归函数，克莱因定义了形式系统，马尔可夫定义了Markov算法，波斯特和图灵定义了抽象计算机器，现在称为波斯特机和图灵机。

图灵机计算模型，最早由图灵在1936—1937年正式提出。图灵机是一种简单并且抽象的计算设备，用于帮助研究和分析"可计算"的范围和限制。图灵在1936年把这个计算模型称为"自动机器"，当时是专门为计算实数而设计的。后来，丘奇在对图灵论文的评论中首次将这个计算模型命名为"图灵机"。今天，图灵机计算模型被公认为是可计算性研究和理论计算机科学最重要的基础模型之一。

图灵在他1936年的论文《论数字计算在判定问题中的应用》（*On Computable Numbers, with an Application to the Entscheidungs Problem*）中，介绍了他的机器并建立了它们的基本性质。他清楚而抽象地思考了机器执行计算任务意味着什么。图灵将他的机器定义为由以下部分组成。

(1) Q：是一组有限状态 Q。
(2) Σ：是一组有限的符号。
(3) S：是初始状态，$S \in Q$。
(4) δ：是一个转换函数，用于状态的转换。

由以上定义，我们可以得到一个如图 11.1 所示的图灵机模型，它有一条可以向左右两边无限延伸的纸带，纸带上被均匀地划分为许多方格，每个方格可以用来存放一个符号；读写头可以用来读取或写入当前方格的符号，并可以左右移动（一格）；状态控制器可以设置一个有限状态集合，并可以存放一组操作指令的集合，控制器可以根据当前状态来执行操作指令从而完成一系列的动作。

(1) 读写头读取当前方格的符号。
(2) 读写头是否在当前方格写入一个符号。
(3) 读写头是否向左或者向右移动一格。
(4) 状态控制器转换到下一个状态。

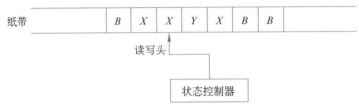

图 11.1　图灵机计算模型

下面我们来看一个简单的图灵机模型。

例 11.1　请设计一个图灵机识别一个由连续的若干个'0'字符与连续的若干个'1'字符组成的字符串中'0'字符和'1'字符的个数是否相等（如字符串'0011''00011'等）。

基本思路：我们可以考虑从字符串'00…11'的两端开始，交替地用空白字符 B 依次替换字符'0'和字符'1'，如果通过有限步操作后纸带上的字符'0'和字符'1'正好全部被空白 B 替换完，那么就可以证明字符串中字符'0'和字符'1'的个数相等，否则字符串中字符'0'和字符'1'的个数不相等。

根据以上思路，设计一个五元组的指令集合，其中每条指令的格式为

(当前状态,读到的字符,写入的字符,读写头的移动,下一个状态)

由此可以设置控制器的操作指令集合如下：

$(Q_0, B, B, R, Q_0)(Q_0, 0, B, R, Q_1)(Q_0, 1, 1, H, Q_r)$
$(Q_1, B, B, L, Q_2)(Q_1, 0, 0, R, Q_1)(Q_1, 1, 1, R, Q_1)$
$(Q_2, B, B, H, Q_r)(Q_2, 0, 0, H, Q_r)(Q_2, 1, B, L, Q_3)$
$(Q_3, B, B, H, Q_a)(Q_3, 0, 0, H, Q_r)(Q_3, 1, 1, L, Q_4)$
$(Q_4, B, B, R, Q_0)(Q_4, 0, 0, L, Q_4)(Q_4, 1, 1, L, Q_4)$

其中，Q_0 是状态控制器的初始状态，Q_r 表示拒绝，Q_a 表示接受，L 表示读写头左移

一格,R 表示读写头右移一格,H 表示读写头不移动(即图灵机停机),B 表示空白。针对实例字符串"B0011B",来看看以上图灵机的工作过程。

(1) 初始状态,读写头指向字符串最左边的 B,那么根据操作指令(Q_0,B,B,R,Q_0),当前位置读到 B,依然写入 B,读写头右移一格,指向字符串最左边的 0,状态转换为 Q_0。

(2) 当前状态 Q_0,读写头指向字符串最左边的 0,根据操作指令($Q_0,0,B,R,Q_1$),当前位置读到 0,写入 B,读写头右移一格,指向字符串中第二个 0,状态转换为 $Q1$,现在纸带上的信息变为了"BB011B"。

(3) 当前状态 Q_1,读写头指向原字符串第二个 0,根据操作指令($Q_1,0,0,R,Q_1$),当前位置读到 0,写入 0,读写头右移一格,指向原字符串中第一个 1,状态转换为 Q_1,现在纸带上的信息依然为"BB011B"。

(4) 当前状态 Q_1,读写头指向原字符串第一个 1,根据操作指令($Q_1,1,1,R,Q_1$),当前位置读到 1,写入 1,读写头右移一格,指向原字符串中第二个 1,状态转换为 Q_1,现在纸带上的信息依然为"BB011B"。

(5) 当前状态 Q_1,读写头指向原字符串第二个 1,根据操作指令($Q_1,1,1,R,Q_1$),当前位置读到 1,写入 1,读写头右移一格,指向原字符串中最右边的 B,状态转换为 Q_1,现在纸带上的信息依然为"BB011B"。

(6) 当前状态 Q_1,读写头指向原字符串最右边的 B,根据操作指令(Q_1,B,B,L,Q_2),当前位置读到 B,写入 B,读写头左移一格,指向原字符串中第二个 1,状态转换为 Q_2,现在纸带上的信息依然为"BB011B"。

(7) 当前状态 Q_2,读写头指向原字符串第二个 1,根据操作指令($Q_2,1,B,L,Q_3$),当前位置读到 1,写入 B,读写头左移一格,指向原字符串中第一个 1,状态转换为 Q_3,现在纸带上的信息变为"BB01BB"。

(8) 当前状态 Q_3,读写头指向原字符串第一个 1,根据操作指令($Q_3,1,1,L,Q_4$),当前位置读到 1,写入 1,读写头左移一格,指向原字符串中第二个 0,状态转换为 Q_4,现在纸带上的信息依然为"BB01BB"。

(9) 当前状态 Q_4,读写头指向原字符串第二个 0,根据操作指令($Q_4,0,0,L,Q_4$),当前位置读到 0,写入 0,读写头左移一格,指向现在字符串中第二个 B,状态转换为 Q_4,现在纸带上的信息依然为"BB01BB"。

(10) 当前状态 Q_4,读写头指向现在字符串中第二个 B,根据操作指令(Q_4,B,B,R,Q_0),当前位置读到 B,写入 B,读写头右移一格,指向原字符串中第二个 0,状态转换为 Q_0,现在纸带上的信息依然为"BB01BB"。

(11) 当前状态 Q_0,读写头指向原字符串中第二个 0,根据操作指令($Q_0,0,B,R,Q_1$),当前位置读到 0,写入 B,读写头右移一格,指向原字符串中第一个 1,状态转换为 Q_1,现在纸带上的信息变为"BBB1BB"。

(12) 当前状态 Q_1,读写头指向原字符串中第一个 1,根据操作指令($Q_1,1,1,R$,Q_1),当前位置读到 1,写入 1,读写头右移一格,指向现在字符串中 1 后面的 B,状态转换为 Q_1,现在纸带上的信息依然为"BBB1BB"。

(13) 当前状态 Q_1,读写头指向现在字符串中 1 后面的 B,根据操作指令($Q_1,B,B,$

L,Q_2),当前位置读到 B,写入 B,读写头左移一格,指向原字符串中第一个 1,状态转换为 Q_2,现在纸带上的信息依然为"BBB1BB"。

(14) 当前状态 Q_2,读写头指向原字符串中第一个 1,根据操作指令(Q_2,1,B,L,Q_3),当前位置读到 1,写入 B,读写头左移一格,指向现在字符串中第三个 B,状态转换为 Q_3,现在纸带上的信息变为"BBBBBB"。

(15) 当前状态 Q_3,读写头指向现在字符串中第三个 B,根据操作指令(Q_3,B,B,H,Q_a),当前位置读到 B,写入 B,读写头停机不动,图灵机转为接受转态,也就是原字符串中 0 和 1 的个数相等,现在纸带上的信息为"BBBBBB"。

图灵机模型的最为精妙之处是,它的模型极其简单,但是功能却极其强大。图灵机具有潜在的无限工作空间,因此它可以处理任意大的输入,例如将两个大整数做乘法运算,但它每一步只能读取或写入有限数量的信息,即一个符号。甚至在丘奇和图灵发表论文之前及在随后的发展中图灵机计算模型和所有其他数学计算模型被证明等价之前,图灵就坚信他构建的机器和任何可能的计算设备一样强大。

图灵机计算模型最初的目的是将可计算性的概念形式化,以解决数学的一个基本问题。丘奇也独立地给出了一个不同的、但逻辑上等价的计算模型。今天,绝大多数的计算机科学家同意关于所有可计算问题的描述,即对于任何可计算的问题,都可以设计构建一个图灵机模型通过有限计算来解决它。这一理论被称之为图灵论题或丘奇论题。那么,这就意味着,任何不能够用图灵机计算的问题都不可能用任何有限方法计算,即不可计算问题。

现实中,绝大多数问题都是可计算问题,因为图灵机模型只要求有限计算,而并没有时间上的限制,也许有很多问题需要所设计的图灵机用上成百上千个世纪才能得到最后的结果,但仍然是有限步骤内计算完成的,所以依然是可计算问题。

对于不可计算问题来说,停机问题(Halting Problem)是一个非常典型的案例。停机问题是逻辑数学中可计算性理论的一个问题。停机问题简单来说就是判断任意一个程序是否能在有限的时间之内结束运行的问题。该问题可以等价转化为这样一个等价判定问题:对于一个只需要一个输入的程序 P,以及该程序的一个输入对象 x,是否可以确定程序 P 在以 x 作为输入时会在有限时间内结束或者进入死循环。事实上,停机问题是无法解决的,也就是说,是不可计算的,没有任何一个图灵机模型可以判断一个程序是否在指定输入下停机。下面我们用反证法来简单证明该问题是不可解决的。

首先,假设停机问题是可计算的,并且将用于解决停机问题的实现程序记为 Halt。程序 Halt 设计有两个参数,分别是一个程序对象 P 和一个输入对象 x。可以考虑程序 Halt 的算法设计如下。

```
Halt(P,x)
{
    if P(x)停机
        输出"停机";
    else
        输出"不停机";
}
```

按上述算法的描述,如果程序对象 P 以对象 x 作为输入时能够停机,则程序 Halt 将输出字符串"停机";否则,程序 Halt 将输出字符串"不停机"。值得注意的是,程序 Halt(P,x)对于任何程序对象 P 和输入对象 x 都会停机,这一点很重要。

下面我们再来设计另外一个程序 MyPro,该程序只有一个程序对象 P 作为参数,并且将调用程序 Halt。我们将这个程序构造为一个有可能停机也有可能不能停机的程序。程序 MyPro 的算法设计如下。

```
MyPro(P)
{
    if Halt(P,P)           //输出了"停机"
        该程序始终运行(死循环);
    else
        停机;
}
```

根据上述算法描述,当 $P(P)$ 停机了,Halt(P,P)将输出字符串"停机",即 $P(P)$ 停机,这将导致程序 MyPro 会一直运行下去(死循环);否则,程序 MyPro 将停机。

现在让我们考虑程序 MyPro 将自己作为自己的参数进行调用,也就是调用 MyPro(MyPro),看看会出现什么情况。根据程序 Halt 的设计,如果 MyPro(MyPro)能够停机,那么 Halt(MyPro,MyPro)将会输出字符串"停机",然而根据程序 MyPro 的设计,因为程序 Halt(MyPro,MyPro)输出了"停机",MyPro(MyPro)将始终运行而不停机,矛盾产生了;另一方面,如果 MyPro(MyPro)不停机,那么 Halt(MyPro,MyPro)将会输出字符串"不停机",然而根据程序 MyPro 的设计,因为程序 Halt(MyPro,MyPro)输出了"不停机",MyPro(MyPro)将停机,也产生了矛盾。

综上所述,在假设停机问题可以解决的前提下,我们设计的程序都产生了矛盾,所以停机问题可以解决的假设是不正确的,也就是说停机问题是不可计算的,证明完毕。

11.2 P 类和 NP 类问题

对于可计算问题,人们总是能够写出一个低效率的算法来解决问题。例如,考虑一个非常低效率的排序算法,对于输入的 n 个数据,我们的算法去测试 n 个数据所有可能的排列,直到找到某种排列的结果满足排序的要求为止。显然 n 个数据的排列共有 $n!$ 种,也就是说,这个算法的时间复杂度是 $O(n!)$。当 n 很大时,$n!$ 会是一个天文数字,用现代的计算机来处理这个算法,也许需要经过千万年的计算才能计算出结果。此算法的运行时间将高得令人无法接受,因为它是与 n 的阶乘成正比。幸运的是,对于排序问题,除了上述低效率算法外,人们还找到了很多高效的算法,如选择排序、插入排序,这两个算法的时间复杂度都只有 $O(n^2)$。还有更有效的排序算法,如快速排序、堆排序和二路归并排序等,这些算法的时间复杂度可以达到 $O(n\log_2 n)$。这些算法使得人们在解决排序问题时可以很快地得到结果。

但是，并不是所有问题都那么容易找到高效的算法，如汉诺塔问题。如果考虑 n 个圆盘的汉诺塔问题，目前可以找到的算法多少需要 2^n 次的移动来获得最后的结果。也就是说，目前已知的解决汉诺塔问题的任何算法都不可能在少于时间复杂度 $O(2^n)$ 的时间内解决。当 n 很大时，这类算法所需要开销的时间是现实不可接受的。类似的问题还有 TSP 问题、0-1 背包问题等。

20 世纪 70 年代，库克(Stephen Cook)等提出了一个理论用以将可计算问题划分为易解问题(Easy Problem)和难解问题(Hard Problem)。他们提出如果一个可计算问题能够在多项式时间范围内求得结果，那么把这类问题称为易解问题，如上面提到的排序问题；反之，如果一个可计算问题找不到多项式时间范围内解决的算法，只能找到指数级的解决算法，那么就把这一类问题称为难解问题，如上面提到的汉诺塔问题等。

学者们在进一步的研究中，对需要求解的问题做了更深层次的分类。考虑到现实中，绝大多数的问题都可以转换成一种只需要回答"是"或"否"的问题，例如：

(1) 判定一个正整数 n 是不是一个素数。

(2) 判定在图 G 中，从某个顶点出发是否存在一个回路，正好经过所有顶点一次，并且回到出发顶点(哈密顿回路问题)。

(3) 关于 x、y、z 的方程 $x^n + y^n = z^n$ 是否存在大于 2 的正整数解(费马定理)。

(4) 停机问题是否可解。

(5) 一条鱼是否有 7 秒的记忆。

于是，我们给出一个定义：如果一个问题只需要回答是或者否，则称这类问题为判定性问题(Decision Problem)。显然并不是所有的判定性问题都是可解的，如停机问题；即使一个判定性问题可解，也未必是易解问题，如哈密顿回路问题。

在判定性问题的前提下，可以定义 P(Polynomial)类问题，即：如果一个判定性问题可以用一个确定的过程在多项式时间内求解，则称该判定性问题为 P 类问题。显然所有的易解问题都是 P 类问题。

那么，那些难解问题呢？对于难解问题来说，虽然求解很困难，但是验证一个可能的解就容易多了。这样，我们考虑设计这样的算法：该算法被分为猜测阶段和验证阶段。在猜测阶段，该算法通过待求解问题的某个输入得到一个输出(可能是任意的输出)，显然猜测的过程是不确定的；在验证阶段，该算法通过一个确定性的过程来验证猜测阶段的输出是否是待求解问题的一个正确解。因为猜测阶段的不确定性，显然这类算法是不确定的，称这类算法为非确定性算法。

如果对于一个判定性问题，可以在多项式时间内用一个非确定性算法求解，则称该判定性问题为 NP(Non-deterministic Polynomial)类问题。显然并不是所有的难解问题都 NP 类问题，即 NP 类问题只是难解问题的一个子集。例如，对于哈密顿回路这一难解问题，可以设计一个非确定性算法，在猜测阶段猜测一个由所有顶点构成的一个路径是问题的解，然后在验证阶段验证该路径是否构成一个回路，即判定其是否为问题的一个正确解。显然该非确定性算法的猜测阶段和验证阶段都可以在多项式时间内完成，所以，哈密顿回路问题是 NP 完全问题。然而对于汉诺塔问题来说，可以设计一个非确定性算法在猜测阶段猜测一种圆盘的移动过程，在验证阶段需要验证这一移动过程中的 2^n 个步骤是否正确,这不可能在多项式时间内完成。所以汉诺塔问题不是 NP 类问题。

对于 P 类问题来说,因为该类问题本身就有多项式时间内的求解方法,所以,P 类问题一定是 NP 类问题,即 P⊆NP。当然有人会问所有的 NP 类问题是否都可以找到多项式时间内的解决方法呢?显然,直到今天仍然有很多 NP 类问题还没有找到多项式时间内的解决方法。学者们猜测 P≠NP,只不过至今无法证明其准确性。

11.3 NPC 问题

自 20 世纪 70 年代中期以来,学者在计算复杂度理论研究的一个主要焦点就是对 NP 完全问题(NP-Complete,NPC)的研究。

事实上,在 NP 类问题中,有一类问题虽然已经找到了可以在多项式时间内用非确定算法去验证解决的方法,但是却没办法证明这类问题中的任何一个是否存在有多项式时间内的确定性算法的解法。这类问题称为 NP 完全问题。

显然 NP 完全问题是 NP 类问题的一个子集。所谓"完全",简单地说就是指这一类问题要么都能解决要么都不能解决。Cook 曾提到如果知道如何在多项式时间内有效地解决一个 NP 完全问题,那么就可以用它来解决 NP 完全问题中的每一个问题。当然这里讨论的是计算复杂度问题,并不是去设计一个解决问题的具体算法。

事实上,我们可以考虑待解问题之间的转换,也就是从计算复杂度的角度将一个问题转换成另一个问题。在问题转换的基础之上,可以给出 NPC 问题的定义:一个判定性问题,如果它属于 NP 类问题,并且 NP 类问题中的每一个问题都可以在多项式时间内转换成该问题,则称该判定问题是一个 NP 完全问题,即 NPC 问题。

按照 NPC 问题的定义,如果需要证明一个判定问题是 NP 完全问题只需要经过两个步骤。

第一步,证明该问题可以在多项式时间内用非确定性算法解决,也就是证明该问题是一个 NP 类问题。

第二步,证明存在一个已知的 NP 问题可以在多项式时间内转换为该判定问题。

下面将给出一些已经被证明为 NP 完全的问题。

(1) 可满足性问题(Satisfiability):该问题简称为 SAT 问题,是指对于由若干个析取子句的合取构成的合取范式是否有一组布尔值使得该范式最终取值为真。该问题是由 Cook 定理给出的第一个 NP 完全问题。

(2) 三元可满足性问题(3-Satisfiability):该问题简称为 3-SAT 问题,是指对于上面的 SAT 问题中的合取范式,如果每个析取子句恰好由 3 个文字组成,是否有一组布尔值使得该范式最终取值为真。

(3) 图着色问题(Coloring):该问题是指对于给定无向图连通图 $G=(V,E)$ 和正整数 k,是否可以用 k 种颜色给 V 集合中的每一个顶点着色,并且满足任意两个邻接顶点具有不同的颜色。

(4) 三着色问题(3-Coloring):该问题是指对于上面的图着色问题,是否可以用 3 种颜色给无向图连通图 $G=(V,E)$ 的 V 集合中的每一个顶点着色,并且满足任意两个邻接顶点具有不同的颜色。

(5) 团问题(Clique):该问题是指,若称一个无向图 $G=(V,E)$ 的完全子图为团(该子图中任意两个顶点都有一条边使它们邻接),则对于给定的正整数 k,一个无向图 $G=(V,E)$ 是否存在一个具有 k 个顶点的团。

(6) 顶点覆盖问题(Vertex Cover):该问题是指,若对于一个无向图 $G=(V,E)$ 中的任意一条边至少有一个邻接顶点属于顶点集合 V 的一个子集 V',我们称该子集 V' 为图 G 的一个顶点覆盖,则对于给定的正整数 k,求向图 $G=(V,E)$ 的一个大小为 k 的顶点覆盖。

(7) 独立集问题(Independent Set):该问题是指,若称一个无向图 $G=(V,E)$ 中任意两两互不相邻接的顶点构成的集合 V' 为独立集(显然 V' 是 V 的一个子集),则对于给定的正整数 k,判断无向图 $G=(V,E)$ 是否存在大小为 k 的独立集。

(8) 哈密顿回路问题(Hamiltonian Cycle):该问题是指,对于给定的无向图 $G=(V,E)$,是否存在一条经过每个顶点一次且仅一次简单回路。

(9) 旅行商问题(Traveling Salesman Problem):该问题简称 TSP 问题,是指对于给定的带权图 $G=(V,E)$ 和正整数 k,是否存在一条路径长度小于或等于 k 的汉密尔顿回路。

(10) 装箱问题(Bin Packing):该问题是指,若有 n 件给定大小的物品(各件物品可能大小不一)和若干容量均为 C 的箱子,则对于给定的正整数 k,是否正好能用 k 个箱子来装这 n 件物品。

(11) 划分问题(Partition):该问题是指,对于给定一个具有 n 个整数的集合 S,是否能把 S 划分成两个子集 S_1 和 S_2,使得 S_1 中的整数之和正好等于 S_2 中的整数之和。

(12) 子集和问题(Subset Sum):该问题是指,对于给定的一个整数集 S 和一个整数 k,是否存在 S 的一个子集 S_1,使得 S_1 中的整数之和正好为 k。

(13) 集合覆盖问题(Set Cover):该问题是指,对于一个集合 U 以及 U 内元素构成的若干个小类集合 S,是否存在 S 的一个所含元素的并集正好等于 U 且元素个数最少的子集。

(14) 多机调度问题(Multiprocessor Scheduling):该问题是指,已知有 M 台某种性能完全相同的机器及可以在这种机器上完成的 n 个作业,假设已知每个作业在机器上完成所需的时间,则对于给定的时间 T,是否可以调度这 M 台机器在时间 T 内完成这 n 个作业。

至今经过几十年的研究,学者们已经证明了三千多个 NP 完全问题,但可惜的是还没有任何一个 NP 完全问题被证明或者发现有多项式时间内的解法,也没有任何一个 NP 完全问题被证明不存在多项式时间内的解法。当然,可以预见的是,随着机计算机科学技术的飞速发展,全新的技术和理念不断出现,如量子计算等,NPC 问题终有解决的一天。

◇ 习　　题

1. 简述图灵机的基本功能结构和它的工作原理。

2. 假设在一台图灵机中，设 B 表示空格，Q_1 表示图灵机的初始状态，Q_F 表示机器的结束状态。如果纸带上的信息是 11101101，读写头对准最右边第一个为 1 的格子，状态为初始状态 Q_1。执行以下命令后，请写出计算结果。

$$(Q_1\ 0\ 0\ L\ Q_2)$$
$$(Q_1\ 1\ 0\ L\ Q_3)$$
$$(Q_1\ B\ B\ N\ Q_F)$$
$$(Q_2\ 0\ 0\ L\ Q_2)$$
$$(Q_2\ 1\ 0\ L\ Q_2)$$
$$(Q_2\ B\ B\ N\ Q_F)$$
$$(Q_3\ 0\ 0\ L\ Q_2)$$
$$(Q_3\ 1\ 0\ L\ Q_3)$$
$$(Q_3\ B\ B\ N\ Q_F)$$

3. 关于 NP 问题下列哪种说法是正确的？简述为什么。

(1) NP 问题都是不可能解决的问题。

(2) P 类问题包含在 NP 类问题中。

(3) NP 完全问题是 P 类问题的子集。

(4) NP 类问题包含在 P 类问题中。

4. 简述易解问题和难解问题的不同之处。

5. 列举几个 NP 完全问题。

第 12 章 概率算法和近似算法

◆ 12.1 概率算法

12.1.1 概率算法的基本概念

概率算法在执行过程中,是以抛硬币的方式来决定下一步该做什么。当讨论一个概率算法时,通常关心它的最坏期望时间,即在给定大小为最坏输入实例上所花费的平均时间。这个平均值是在算法执行期间对所有可能的抛硬币结果进行计算而得出的。

与确定性算法一样,在研究概率算法时,同样需要考虑以下问题:如何设计一个好的概率算法,以及如何证明它在给定的时间或误差范围内可以有效地计算。与确定性算法不同的是,设计一个概率算法往往更容易,但分析它却很难。所做的就是提出一些好的技术来分析在执行算法时出现的非常复杂的随机过程。为此,可以使用概率学家和统计学家已经开发好的技术来分析算法过程。

把一个概率算法想象成一台机器 M,它计算 $M(x,r)$,其中 x 是问题输入,r 是随机序列。机器模型是随机存取机器或 RAM 模型,这里的内存空间大小通常是输入大小为 n 的多项式,在常量时间内,可以读取内存位置,也可以写内存位置,对最多为 $O(\log_2 n)$ 位的整数执行算术运算。在这个模型中,可以认为随机位是由某个子程序提供的,其中生成一个 $O(\log_2 n)$ 大小的随机整数需要常量时间。

这些生成随机整数的数量,以及整个算法的运行时间,可能都依赖于随机位,因此,这些变量为随机变量——某个概率空间中点的函数。概率空间 Ω 由所有可能的序列 r 组成,每个序列被分配一个概率 $P[r]$(通常为 $2^{-|r|}$),当输入值为 x 时,M 的运行时间通常会设定一个期望值 $E_r[\text{time}(M(x,r))]$,其中对于任意 X,有

$$E_r[X] = \sum_{r \in \Omega} X(r) P[r] \tag{12-1}$$

现在可以用这个期望值来代表 M 的性能:当确定算法的输入值为 $n=|x|$ 时,运行时间为 $O(f(n))$,相反,在概率算法中运行的期望时间为 $O(f(n))$,也就是说对于所有的输入值 x,都有 $E_r[\text{time}(M(x,r))]=O(f(|x|))$。

这与最坏的期望时间不同,最坏的期望时间没有 r 和期望,同样,平均的期望时间也没有 r,并且返回值不是最大值,而是 x 的期望值。

12.1.2 概率算法的分类

概率算法可分为 4 大类:数值概率算法、蒙特卡罗算法、拉斯维加斯算法和舍伍德算法。一些作者使用"蒙特卡罗算法"来表示所有的概率算法。

1. 数值概率算法

随机性首先被用于数值概率问题中求近似解的算法。例如,可以使用模拟的方式来估计系统中队列的平均长度,因为系统非常复杂,不可能得到基本函数的解,也不可能通过确定性方法得到数值答案。概率算法得到的答案总是近似的,但它的预期精度可随着算法可用时间的增加而提高(出现错误的概率与工作量的平方根成反比)。就像是某些现实生活中的问题,即使经过严谨的实验也不可能计算出精确的答案,这可能是因为实验数据的不确定性,也可能是因为数字计算机只能处理二进制或十进制值,导致最终的计算结果是不合理的。而某些问题是存在准确答案的,但要想准确地找出答案需要很长时间。有时答案以置信区间的形式给出。

2. 蒙特卡罗算法

蒙特卡罗算法用于求问题的准确解,即接受的问题不能存在近似答案。例如,如果试图将一个整数因式分解,那么知道某某值"几乎"是一个因数也没什么意义。在棋盘上放 7 个皇后来解决八皇后问题没有什么帮助。蒙特卡罗算法总是给出解,但是,这个解不一定是正确的;成功(即得到正确答案)的概率随着算法可用时间的增加而增加。这种算法的主要缺点是,无法有效地判定得到的解是否正确。因此,某些不确定性将会一直存在。

3. 拉斯维加斯算法

拉斯维加斯算法从来不会返回错误的答案,但有时会根本找不到答案。与蒙特卡罗算法一样,成功的概率随着算法可用时间的增加而增加。然而,所得到的答案必然是正确的。无论输入的实例是什么,对这个实例反复多次运行算法,失败的概率就可以变得任意小。这种算法与那些简单的线性规划算法不同,类似于简单的线性规划算法对于绝大多数要处理的实例非常有效,但对于少数实例则是灾难性的。

4. 舍伍德算法

舍伍德算法会给出答案,并且答案总是正确的。当某些已知的确定性算法解决某个特定问题的平均速度比最坏情况下快得多时,通常就会使用舍伍德算法。在舍伍德算法中融入随机性元素可以减少甚至消除好实例与坏实例之间的差异。这并不是为了防止最坏情况的偶然发生,而是为了打破这种行为的发生与要解决的特定实例之间的联系。由于它的响应比确定性算法更均匀,因此舍伍德算法不太容易受到某些特定应用程序(可能会出现意外的程序)的影响。

12.1.3 数值概率算法

假如你把一盒牙签洒在木地板上了。这些牙签以任意的位置和角度在地上摊开,每一根都独立于其他所有牙签。如果你知道盒子里有 355 根牙签,而每根牙签的长度正好是地板上木板宽度的一半,那么有多少根牙签会掉在两块木板之间的缝隙上呢?

显然,0~355 的任何一个数都可能是答案,这种不确定性是典型的概率算法。预计掉在裂缝上的牙签的平均数量是可以计算出来的:正好是 113 根。

实际上,每根牙签都有一次掉落在裂缝上的机会。这就提出了一种概率"算法",通过将足够多的牙签洒在地板上来估算它的概率值。

此外,估算的精度会受到牙签长度与木板宽度之比的精度的限制。

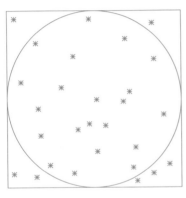

图 12.1 掷飞镖计算 π 值

再考虑下一个实验,向一个正方形目标投掷 n 个飞镖(见图 12.1),并计算落在该正方形中的圆圈内飞镖的数字 k。假设正方形中的每个点被飞镖击中的概率完全相同(在计算机上模拟这个实验要比找到一个有足够专业技能或能力不足的飞镖玩家容易得多)。如果内切圆的半径是 r,那么它的面积就是 πr^2,而正方形的面积是 $4r^2$,所以落在圆内的飞镖的平均比值是 $\pi r^2/4r^2=\pi/4$。因此,估算出 $\pi \approx 4k/n$。如图 12.1 所示,在例子中,投掷了 28 个飞镖,发现其中有 21 个飞镖落在圆圈内,这并不奇怪,因为根据平均比值可估算出 $k=28\pi/4 \approx 22$。

下面的算法模拟了这个实验,只是它只会把飞镖扔到目标的右上象限。

```
Function darts(n)
    k←0
    for i=-1 to n
        x← uniform (0,1)
        y← uniform (0,1)
        if x²+y²≤1 then k←k+1 end if
    end for
return 4k/n
```

12.1.4 舍伍德算法

快速排序算法的工作原理如下。为简单起见,假设正在排序的数组中没有两个元素是相等的。

如果数组中的元素个数大于 1,则

(1) 从数组的元素中随机地选择一个轴值 p。

(2) 将数组拆分为 A_1 和 A_2，其中 A_1 包含所有小于 p 的元素，A_2 包含所有大于 p 的元素。

(3) 递归排序 A_1 和 A_2，并返回序列 A_1, p, A_2。

否则返回数组。

分割步骤需要进行 $n-1$ 次比较，因为必须对照轴值检查每个非轴值。假设所有其他的成本都是由比较成本支配的，那么随机快速排序平均做了多少次比较？

有两种方法可以解决这个问题：愚蠢的方法和聪明的方法。先用愚蠢的方法来解决。

1. 蛮力法：求解递归

设 $T(n)$ 是一个包含 n 个元素的数组的期望比较次数。有 $T(0)=T(1)=0$，则对于更大的 n，有

$$T(n) = \frac{1}{n}\sum_{k=0}^{n-1}(T(K)+T(N-1-K)) \tag{12-2}$$

为什么？因为的轴值有 n 个等可能选项（因此是 $1/n$），对于每个选项，期望代价是 $T(K)+T(N-1-K)$，k 是落在 A_1 上的元素数。在这里使用的是全概率定律，即对于任意随机变量 X，将概率空间划分为事件 $B_1, B_2, \cdots, B_n$，则

$$E = \sum \Pr[B_i] E[X \mid B_i] \tag{12-3}$$

其中

$$E[X \mid B_i] = \sum_{\omega \in B_i} X(\omega) \frac{\Pr(\omega)}{\Pr[B_i]} \tag{12-4}$$

是 X 在 B_i 条件下的条件期望值，如果已知事件 B_i 已发生，可以把它看作是 X 的平均值。

现在来解这个复杂的递归式，可以合理地猜测，当 $n \geq 1$ 时，存在一个常数 a，有 $T(n) \leq an\log^n$，显然这对于 $n=1$ 是成立的。运用归纳法来推导 n 大于 1 的情况。

$$T(n) = (n-1) + \frac{1}{n}\sum_{k=0}^{n-1}(T(k)+T(n-1-k))$$

$$= (n-1) + \frac{2}{n}\sum_{k=0}^{n-1} T(k)$$

$$= (n-1) + \frac{2}{n}\sum_{k=1}^{n-1} T(k)$$

$$\leq (n-1) + \frac{2}{n}\sum_{k=1}^{n-1} ak\log k$$

$$\leq (n-1) + \frac{2}{n}\int_{k=1}^{n} ak\log k$$

$$= (n-1) + \frac{2a}{n}\left(\frac{n^2\log n}{2} - \frac{n^2}{4} + \frac{1}{4}\right)$$

$$= (n-1) + an\log n - \frac{an}{2} + \frac{a}{2n}$$

如果仔细观察这个递归式会发现,设 $a=2$ 会使它小于或等于 $an\log n$,因为剩下的项变成 $(n-1)-n+\frac{1}{n}=\frac{1}{n}-1$,当 $n\geqslant 1$ 时,它为负值。因此可以得出 $T(n)\leqslant 2n\log_2 n$(对于 $n\geqslant 1$)。

2. 巧妙的方法：线性期望

还可以使用线性期望来计算随机快速排序比较次数的期望值。

假设使用以下方法来选择轴值：生成数组中所有元素的随机排列,当要求对某个子数组 A' 排序时,使用出现在数组 A' 中的第一个元素作为轴值。因为每个元素都有相等的可能是第一个,所以这等价于实际的算法。假设总是对数字 $1\cdots n$ 进行排序,如果 i 在算法执行过程中的某个点与 j 进行比较,则对每一对元素 i,j,定义一个指示变量 X_{ij},若 $i<j$,则指示变量 X_{ij} 为 1,否则为 0。

当然,实际上可以计算出这个事件的概率(也就是 $E[X_{ij}]$)：唯一一次比较 i 和 j 的时候,就是在它们被分到不同的数组之前,并选择其中一个作为轴值。它们是如何被分割到不同的数组？如果选择某个中间元素 k 作为轴值,即存在 k,使得 $i<k<j$,并且其他元素的出现不会影响结果,就会发生这种情况。因此,可以集中精力将置换限制在 i 到 j 之间,如果这个置换从 i 或 j 开始,就可以计算出事件发生的概率为 $2/(j-2+1)$,所以 $E[X_{ij}]=2/(j-2+1)$。对所有 $i<j$ 的情况求和得出：

$$E\left[\sum_{i<j} X\right] = \sum_{i<j} E[X_{ij}]$$
$$= \sum_{i<j} \frac{2}{j-i+1}$$
$$= \sum_{i=1}^{n-1} \sum_{k=2}^{n-i+1} \frac{2}{k}$$
$$= \sum_{i=2}^{n} \sum_{k=2}^{i} \frac{2}{k}$$
$$= \sum_{k=2}^{n} \frac{2(n-k+1)}{k}$$
$$= \sum_{k=2}^{n} (\frac{2(n+1)}{k} - 2)$$
$$= \sum_{k=2}^{n} \frac{2(n+1)}{k} - 2(n-1)$$
$$= 2(n+1)(H_n - 1) - 2(n-1)$$
$$= 2(n+1)H_n - 4n$$

这里 $H_n = \sum_{i=1}^{n} \frac{1}{i}$ 代表第 n 次调和级数,等于 $\ln n + \gamma + O(n^{-1})$,其中 $\gamma \approx 0.5772$ 为欧拉常数(其确切值未知)出于渐近的目的,只需要 $H_n - O(\log_2 n)$。

12.1.5 拉斯维加斯算法

尽管舍伍德算法的行为一致性很强,但它的平均速度并不比产生它的确定性算法快。而拉斯维加斯算法则能提高计算效率。

拉斯维加斯算法最显著的特点是,它会做出随机决策,这会导致算法得不到解。因此,这些算法要么返回正确的解,要么因为它做出随机决策而陷入僵局。在后一种情况下,需要将相同的实例重新提交给同一个算法再次运行,直到运行成功。因此,运行成功概率随着所用时间的增加而增加。

拉斯维加斯算法通常有一个返回参数 success,如果得到一个解,则该参数设置为 true,否则设置为 false。调用函数 $LV(x, y, success)$ 对实例 x 进行求解,其中 y 是一个返回参数,用于在 success 设置为 true 时接收由此获得的解。设 $p(x)$ 为每次求解实例 x 时算法的成功概率。为了使算法正确,我们要求每个实例 x 的 $p(x) > 0$。对于每个实例 x,存在常数 $\delta > 0$,使得 $p(x) \geq \delta$。设 $s(x)$ 和 $e(x)$ 分别是在成功和失败的情况下,算法在实例 x 上所花费的期望时间。现在考虑下面的算法。

```
Function iterate(x)
Loop
    LV(x,y,success)
until success
return y
```

设 $t(x)$ 为函数 iterate 求实例 x 的精确解所需的期望时间。忽略控制重复循环所花费的时间,得到如下递归式:

$$t(x) = p(x)s(x) + (1-p(x))(e(x)+t(x)) \tag{12-5}$$

这是因为算法在第一次尝试成功的概率为 $p(x)$,所以需要的期望时间为 $s(x)$。当算法失败时,即概率为 $1-p(x)$ 的情况下,算法首先用一个期望时间 $e(x)$ 来运行该实例,但没有成功,然后重新开始运行算法,仍然需要一个期望时间 $t(x)$。这种递推的公式很容易求解得到:

$$t(x) = s(x) + \frac{1-p(x)}{p(x)}e(x) \tag{12-6}$$

如果想最小化 $t(x)$,在 $p(x)$、$s(x)$ 和 $e(x)$ 之间可以进行调整折中。例如,如果减少了搜索失败所需的时间 $e(x)$,则每次搜索成功的概率 $p(x)$ 可能也会随之减少。

八皇后这类算法问题是一个很好的例子。本例使用贪心拉斯维加斯算法求解。该算法将皇后随机放置在连续的行上,但是要注意,放置在棋盘上的皇后不能相互攻击。如果成功地将所有的皇后放到棋盘上,则算法成功,如果没有皇后可以放置,算法就会失败。这个算法不是递归的。

```
Function Queens(var success)
col, diag45, diag135←∅    //col 表示同一列集合,diag45 表示右上到左下对角线集合
k←0                        //diag135 表示左上到右下对角线集合
```

```
Loop
    /* result[1..k]用来存放前 k 行的可行解 */
    nb←0
    for i←1 to 8
        if i∉col and i-k∉diag45 and i+k∉diag135
            then            //第 k+1 个皇后第 i 列可行
                nb←nb + 1
                if uniform (1..nb) = 1
                    then    //尝试第 i 列
                        j←i
                end if
        end if
    end for
    if nb > 0
        then            //对于第 k + 1 个皇后，在 nb 种可能性中，以概率 1/nb 选择了 j
            result[k+]j
            col←col∪ {j}
            diag45←diag45 ∪ { j - k }
            diag135←diag135 ∪ { j+ k }
            //更新了 result[1. k + 1]
            k←k+1
    end if
until nb = 0 or k = 8
success←(nb > 0)
return success
```

为了分析该算法的效率,需要确定其成功概率 p,在成功情况下探索的结点平均数 s 以及在失败情况下探索的结点平均数 e。当 $s=9$ 时,用计算机我们可以计算出 $p=0.1293, e=6.971$。因此,通过以完全随机的方式进行,可以以超过 1/8 的概率获得正确解。如果我们重复算法直到最终获得成功,所求解的结点数的期望值将由一般公式 $s+(1-p)e/p=55.927$ 给出,少于用回溯技术探索结点的结点数的一半。

拉斯维加斯算法失败的点在于,只要检测到失败,它就会从头开始。另一方面,在明知道没有解的情况下,回溯算法还是会系统地去搜索一个解。可以将两种算法聪明地组合在一起:首先随机将一些皇后放置在棋盘上,然后使用回溯法来尝试添加剩余的皇后,不需要重新考虑已经随机放置的皇后的位置。

如果随机放置的那些皇后的位置导致剩余的皇后没有位置可以放,例如,如果前两个皇后分别被放置在位置 1 和位置 3,就会发生这种情况。随机放置的皇后越多,后续回溯阶段所需的平均时间就越小,但失败的概率会越大。

所得到的算法类似于算法 Queens,除了最后两行被替换如下。

```
until nb = 0 or k = stops
if nb > 0 then backtrack (k, col, diag45, diag135, success)
else success←false
```

其中 1≤stops≤8 表示在进入回溯阶段之前要随机放置多少个皇后。如果有解,它会在找到第一个解后立即返回。

表 12.1 给出了每个 stops 值的成功概率 p、成功情况下搜索结点数的期望值 s、失败情况下搜索结点数的期望值 e,以及重复算法直到最终找到正确解时搜索的结点数的期望值 $t=s+(1-p)e/p$。当 stops=0 时,相当于直接使用确定性算法。

表 12.1 stops 值的成功概率 p

stops	p	s	e	t
0	1.0000	114.00	—	114.00
1	1.0000	39.63	—	39.63
2	0.8750	22.53	39.67	28.20
3	0.4931	13.48	15.10	29.01
4	0.2618	10.31	8.79	35.10
5	0.1624	9.33	7.29	46.92
6	0.1357	9.05	6.98	53.50
7	0.1293	9.00	6.97	55.93
8	0.1293	9.00	6.97	55.93

对于八皇后问题,从第一列的第一个皇后开始寻找下一个可以放置皇后的位置需要相当长的时间。首先,在 2 个可能的位置[1,3]和[1,4]后面的位置进行无效果的搜索,即使从结点[1,5]开始搜索,将会浪费的时间是[1,5,2]和[1,5,7]。这就是为什么随机放置第一个女王比立即开始系统的搜索更有效的原因之一。

12.1.6 蒙特卡罗算法

有这么一类问题,没有一种有效的算法能够每次都得到正确的解,无论是确定性的还是概率性的算法。蒙特卡罗算法用于求问题的准确解,该算法偶尔会出错,但不管输入怎样的实例,它都能以很高的概率找到正确的解。当算法出错时,通常不会有提示。

设 p 为实数,使 $1/2<p<1$。不论输入的实例是什么,蒙特卡罗算法求解出正确解的概率不小于 p,则称该蒙特卡罗算法是 p-正确的。这种算法的优点就是得出正解的概率大于或等于 $\frac{1}{2}$。如果对同一实例不会给出两个不同的正确解,则该算法是一致的。一些蒙特卡罗算法不仅把要求解的实例作为一个参数,而且把误差概率的上界作为一个可接受的参数。然后将这种算法所用的时间表示为实例大小和可接受错误概率倒数的函数。为了提高算法连续成功的概率,只需多次调用它并选择出现次数最频繁的答案。

更一般地,设 ε 和 δ 是两个正实数,使得 $\varepsilon+\delta<\frac{1}{2}$。设 MC($x$) 是一个 ($z+e$)-正确的蒙特卡罗算法。设 $c_\varepsilon=-2/\lg(1-4\varepsilon^2)$。设 x 为待解的某个实例。至少调用 MC(x) $\lfloor c_\varepsilon \lg 1/\delta \rfloor$ 次并返回一个出现次数最频繁的答案就足够了,这样就可以得到一个

一致的$(1-\delta)$-正确算法。不论算法成功的概率有多小,这个方法可以提高算法的成功概率,从而得到一个新的算法。

举一个例子,假设有一个优势为5%的一致蒙特卡罗算法,希望得到一个误差概率小于5%的算法(即希望从一个正确率为55%的算法达到一个正确率为95%的算法),前面的定理告诉,这可以通过在给定的实例上调用原算法600次来实现。更精确的计算表明,重复原来的算法269次就足够了,重复600次就可以得到一个比99%正确率更好的算法,这是因为证明中使用的是一些粗略的不等式。一个更复杂的论证表明,如果一个一致的$(z+\varepsilon)$-正确的蒙特卡罗算法被重复调用$2m-1$次,得到的算法是$(1-\delta)$-正确的,其中

$$\delta = \frac{1}{2} - \varepsilon \sum_{i=0}^{m-1} \binom{2i}{i} \left(\frac{1}{4} - \varepsilon^2\right)^i \leqslant \frac{(1-4\varepsilon^2)^m}{4\varepsilon\sqrt{\pi m}} \tag{12-7}$$

这个公式的第一部分可以有效地用来找到将错误概率降低到任何期望值以下所需的精确重复次数。或者,从第二部分可以很快得到这个重复次数的一个很好的上界:找到满足不等式$e^x\sqrt{x} \geqslant 1/(2\delta\sqrt{\pi})$的$x$,然后设$m = \lceil x/4\varepsilon^2 \rceil$。

将一个算法重复几百次以获得相当小的错误概率是经常能想到的方式。幸运的是,实践中出现的大多数蒙特卡罗算法都是这样的。为简单起见,假设正在处理一个决策问题,并且原始的蒙特卡罗算法在以下意义上是有偏差的:每当它返回的答案为真时,它总是正确的,只有当它返回的答案为假时,错误才可能出现。如果多次重复这种算法以增加对最终结果的可信度,那么不应该返回最频繁出现的答案(一个为真的返回值要比很多个为假的返回值更有价值)。会看到,重复这样一个算法4次就足够了,可以将它从55%的正确率提高到95%的正确率,或者重复6次就可以得到99%的正确率。此外,原算法对某些限制$p > i$是p-正确算法不再适用:即使$p < z$(只要$p > 0$),只要重复一个p-正确的算法足够多次,就可以获得任意高的置信度。

回到一个任意的问题(不一定是一个决策问题),对于该问题可以得到一些明确的答案。设y_0是有偏差的答案,如果存在实例的子集X,当要求解的实例不在X中时,算法返回的解总是正确的,并且所有属于X的实例的正确解是y_0,但是算法可能并不总是返回这些实例的正确解,则称蒙特卡罗算法是y_0-偏差的。

虽然明确地知道了偏差答案y_0,但并不要求对X中的元素进行有效的测试。下面的段落展示了这个定义被精确调整的过程,以确保算法在返回y_0时总是正确的。

设MC是一个蒙特卡罗算法,它是一致的、有偏的和p-正确的。设x是一个实例,y是$MC(x)$返回的解。如果当$y = y_0$,可以添加什么条件呢?

(1) 如果$x \notin X$,算法总是返回正确的解,那么y_0确实是正确的。

(2) 如果$x \in X$,正确的解必然是y_0。

在这两种情况下,可以得出结论:y_0是一个正确的解。那么当$y \neq y_0$时会发生什么?如果$x \notin X$,y确实是正确的;如果$x \in X$,要是算法返回的正确答案为y,那么算法出错了;如果算法是p-正确的,则发生这种错误的概率不大于$1-p$。

现在假设调用算法$MC(x)$ k次,得到的答案是为$y_0, y_1, y_2, \cdots, y_k$。

(1) 如果存在一个i使得$y_i = y_0$,前面的论点可以说明这确实是正确的解。

(2) 如果存在 $i \neq j$ 使得 $y_i \neq y_j$，唯一可能的解释是 $x \in X$（因为假设算法是一致的），因此正确的解是 y_0。

(3) 如果对于所有的，都有 $y_i = y \neq y_0$，则正确的解仍然有可能是 y_0，并且算法在 $x \in X$ 上连续出现了 k 次错误，但出现这种错误的概率最多为 $(1-p)^k$。

例如，假设 $p = \frac{1}{2}$（这对于一般的蒙特卡罗算法是不允许的，但是对于有偏差的算法它不会引起任何问题）。最多重复调用算法 20 次就足够了，以确保正确的解是 y_0，或者每一次试验得到的结果都是正确的。一般来说，一个一致的、p-正确的、y_0-偏差算法的 k 次重复产生一个 $(1-(1-p)^k)$-正确的算法，仍然一致的、y_0-偏差的。

假设一致的、p-正确的、y_0-偏差的蒙特卡罗算法在某个实例 x 上连续产生 k 次相同的答案 $y \neq y_0$。理解这种结果的原因是很重要的。可能会得出这样的结论："y 是错误答案的概率最多是 $(1-p)^k$。"这样的结论当然是没有意义的，因为要么正确答案是真的，要么不是。因此，所讨论的概率不是 0 就是 1。正确的解释是："我相信 y 是正确的答案，如果用不同的实例测试我足够多次，错误比例应该不会超过 $(1-p)^k$。"

考虑下面的算法。

```
Function maj (T[1..n])
    i←uniform (1..n)
    x←T[i]
    k←0
    for j = 1 to n
        if T[j] = x then k←k +1 end if
    end for
return(k > n/2)
```

看到 $maj(T)$ 随机选择数组中的一个元素，然后检查这个元素是否在 T 中占多数。如果返回的答案为 true，则所选元素是一个多数元素（主元素），因此在 T 中通常有一个主元素。相反，如果返回的答案为 false，则 T 可能存在主元素，尽管在这种情况下随机选择的元素是少数元素。如果数组确实包含主元素，并且随机选择了其中一个元素，则选择少数元素的概率小于一半，因为主元素占据了数组的一半以上。因此，如果 $maj(T)$ 返回的答案是 false，我们有理由怀疑 T 确实没有主元素。总之，该算法是有偏差的，$\frac{1}{2}$-正确的。

在实践中，50% 的错误概率是不可容忍的。有偏差的蒙特卡罗算法可以有效地将这种概率降低到任意值。首先，考如下代码。

```
Function maj2 (T)
    if maj (T) then return true
    else return maj (T)
    end if
```

如果数组中没有主元素,则每次调用 maj(T) 都肯定返回 false,因此,maj2(T) 也会返回 false。如果数组中确实有一个主元素,那么 maj(T) 的第一个调用返回 true 的概率是 $p > \frac{1}{2}$,在这种情况下 maj2(T) 也返回 true。另一方面,如果 maj(T) 的第一个调用返回 false(发生的概率为 $1-p$),则 maj(T) 的第二个调用可能仍然以概率 p 返回 true,在这种情况下 maj2(T) 也返回 true。综上所述,如果数组 T 有一个主元素,maj2(T) 返回 true 的概率是

$$p + (1-p)p = 1 - (1-p)^2 > \frac{3}{4} \tag{12-8}$$

因此,算法 maj2(T) 也是有偏差的,并且是 3/4-正确的。发生错误的概率降低了,因为 maj2(T) 的连续调用是独立的:maj2(T) 在具有主元素的数组上返回 false 的事实不会改变它在同一实例的后续调用上返回 true 的概率。

◆ 12.2 近似算法

12.2.1 介绍

有趣的问题往往都很难求解,尤其是在面向算法的领域,如组合优化、数学规划、运筹学和理论计算机科学。在这些领域,研究人员经常面临难以计算的问题。由于求出一个棘手的问题的最优解是一个非常艰难的过程,这些研究人员通常会采用更简单的次优方法,从而得到合理的解决方案,同时希望这些合理的解决方案至少接近最优解。求近似解是一种次优的方法,可以证明它工作速度快,并且可以证明它可以得到非常高质量的解。

在下面的段落中,将给出近似性算法领域中主要概念的精确数学定义。

一个优化问题是由一组输入(或实例)组成的集合 I,以及每个可行解的输入 $In \in I$ 得到的集合 $SOL(I)$ 构成一个目标函数 c 用来指定每个在 $SOL(I)$ 中的可行解 σ 的一个目标值或成本 $c(\sigma)$。只考虑所有可行解都有非负代价的优化问题。最优化问题可以是最小化问题,其中最优解是具有最小可能代价的可行解,也可以是最大化问题,其中最优解是具有最大可能代价的可行解。用 $OPT(I)$ 来表示实例 I 的最优目标值。通过 I 的绝对值表示实例 I 的大小,即在某些固定编码中写入 I 所使用的位数。现在假设我们处理的是一个 NP-hard 优化问题,在 $|I|$ 的多项式时间内很难找到精确的最优解。以降低解的质量为代价,我们通常可以在时间复杂度上获得相当大的加速。这引出了以下定义。

定义 12.2.1(近似算法) 设 X 是一个最小化(或者最大化)问题。有 $\varepsilon > 0$,设 $\rho = 1 + \varepsilon$(或者 $\rho = 1 - \varepsilon$),算法 A 称为对于问题 X 的 ρ-近似算法,如果对于 X 的所有实例 I,它给出一个目标值为 $A(I)$ 的可行解,使得

$$|A(I) - OPT(I)| \leq \varepsilon \cdot OPT(I) \tag{12-9}$$

在这种情况下,值 ρ 称为近似算法 A 的性能保证或最坏情况比。

注意,对于极小化问题,式(12-9)中的不等式变成了 $A(I) \leq (1+\varepsilon)OPT(I)$,而对于最大化问题,它变成了 $A(I) \leq (1+\varepsilon)OPT(I)$。进一步注意,对于最小化问题,最坏情况比率 $\rho = 1 + \varepsilon$ 是一个大于或等于 1 的实数,而对于最大化问题,最坏情况比率 $\rho = 1 - \varepsilon$

是区间[0,1]中的实数。ρ 的值可以看作是近似算法的质量度量。ρ 的值越接近 1,算法越好。最坏情况比率 $\rho=0$ 时,表示最大化问题,或最坏情况比率 $\rho=10^6$ 时,相当于一个最小化问题,它们的质量相当差。类 APX 代表复杂度类,由具有有限最坏情况比的多项式时间近似算法的所有最小化问题,以及具有最坏情况比的多项式时间近似算法的所有最大化问题组成。

1. 近似方案

定义 12.2.2(近似方案) 设 X 是一个最小化(或者最大化)问题。

(1) 问题 X 的近似方案是 $(1+\varepsilon)$-近似算法的算法族 A_ε(或者 $(1-\varepsilon)$-近似算法 A_ε),对于所有的 $0<\varepsilon<1$。

(2) 问题 X 的多项式时间近似方案(PTAS)是一种时间复杂度为输入大小的多项式的近似方案。

(3) 问题 X 的完全多项式时间近似方案(FPTAS)是一种近似方案,其时间复杂度是输入大小的多项式,也是 $1/\varepsilon$ 的多项式。

因此,对于 PTAS 来说,时间复杂度与 $|I|^{2/\varepsilon}$ 成比例是可以接受的;尽管这个时间复杂度是 $1/\varepsilon$ 的指数,它是输入大小为 I 的多项式,正如我们在 PTAS 定义中所要求的那样。FPTAS 的时间复杂度不能呈指数 $1/\varepsilon$ 增长。但时间复杂度与 $|I|^8/\varepsilon^3$ 成正比就很好了。对于最坏情况,FPTAS 是从 NP-hard 问题能得到的最好的结果。

本章剩余部分,主要采用以下近似率定义(近似率有几种定义,这里采用其中的一种)。

考虑优化问题:每一个潜在的解决方案的成本都是正的,需要找到接近最优解的解决方案。

根据问题的不同,最优解可能如下。

(1) 最大可能成本(最大化问题),如最大团。

(2) 最小可能成本(最小化问题),如最小顶点覆盖。

算法的近似比为 $\rho(n)$,如果对任意大小为 n 的输入,其求解的代价 C 和求最优解的代价 C^* 之间的比值都小于或等于近似比 $\rho(n)$,即

$$\mathrm{MAX}\left(\frac{C}{C^*},\frac{C^*}{C}\right) \tag{12-10}$$

最大化问题:

(1) $0<C \leqslant C^*$。

(2) C/C^* 给出了最优解优于近似解的因子(注:$C/C^* \leqslant 1, C^*/C \geqslant 1$)。

最小化问题:

(1) $0<C^* \leqslant C$。

(2) C/C^* 给出了最优解优于近似解的因子(注 $C/C^* \geqslant 1, C^*/C \leqslant 1$)。

近似比不会小于 1:

$$\frac{C}{C^*}<1 \Rightarrow \frac{C^*}{C}>1 \tag{12-11}$$

2. 近似算法

达到近似比 $\rho(n)$ 的算法为 $\rho(n)$-近似算法。1-近似算法是最优的，比值越大，近似算法解的精度解越低。

(1) 对于许多 NP 完全问题，存在常数近似因子(例如计算的团的大小至少是最大团大小的一半)。

(2) 有时近似比随 n 的增长而增长；有时可以证明近似比的下界(对于每一个近似算法，近似比至少是某个值，除非 P=NP)。

3. 近似方案

有时，当花费更多的计算时间时，近似比会提高。

优化问题的近似方案是一种近似算法，它以一个输入实例加上一个参数 $\varepsilon>0$ 作为输入，对于所有定值 ε，该方案是 $(1+\varepsilon)$-近似算法。

12.2.2 顶点覆盖问题

顶点覆盖问题：给定图 $G=(V,E)$，求最小的 $V'\subseteq V$，如果 $(u,v)\in E$，那么 $u\in V'$ 或 $v\in V'$，或两者都成立。

顶点覆盖决策问题是 NP 完全问题，对应的优化问题几乎是同样难解的。

```
Function APPROX-VERTEX-COVER(G)
1.    C←∅
2.    E'←E
3.    While E'≠∅ do
4.       设(u,v)是 E'的任意边
5.          C←C∪{(u, v)}
6.       从 E'中删除 u 或 v 上的所有边
7.    End while
```

算法终止后，C 是一个顶点覆盖，其大小最多是最优(最小)顶点覆盖大小的两倍。

下面用图示的方法来更直观地展示求解顶点覆盖问题的过程。

定理 12.2.1 算法 APPROX-VERTEX-COVER 是多项式时间 2-近似算法。

证明：

(1) 运行时间受 $O(VE)$ 的限制(算法最多迭代 $|E|$ 次，每个迭代的复杂度最多为 $O(V)$)。

(2) 正确性：C 显然是顶点覆盖。

覆盖大小：A 表示挑出来的一组边。

① 为了覆盖 A 中的边，任何顶点覆盖，特别是最优覆盖 C^*，必须包括 A 中每个边的至少一个端点。

② 通过构造该算法，A 上的任意两条边不共享同一个端点(一旦选中了一条边，这条边所对应端点上的边都被删除)。

③ 因此，A 中不会出现两条边被 C^* 中的同一顶点覆盖，并且
$$|C^*| \geqslant |A| \tag{12-12}$$

④ 选取边时，两个端点都不在 C 中，因此
$$|C| = 2 \cdot |A| \tag{12-13}$$

组合式(12-12)和式(12-13)得到
$$|C| = 2 \cdot |A| \leqslant 2 \cdot |C^*| \tag{12-14}$$

12.2.3 旅行商问题

旅行商问题：完全无向图 $G=(V,E)$ 中，每一条边的权值都是非负整数，即成本函数 $c(u,v)$ 为非负整数，求 G 的最便宜的哈密顿回路。

在旅行商问题中值得考虑两种情况：一是成本函数满足三角形不等式的情况；二是不满足三角形不等式的情况。

若 c 满足三角不等式，直接从顶点 u 到顶点 w 总是最便宜的；不是直接到达（即需要经过顶点 u 和顶点 w 的中间顶点）的方式不会更便宜。在这两种情况下，相关的决策问题都是 NP 完全问题。

三角不等式的旅行商问题：使用函数 MST-PRIM(G,c,r)，它计算完全无向图 G 的最小生成树和权函数 c，给定一些任意的根结点 r。

```
输入: G=(V,E),c: E → R
Function APPROX-TSP-TOUR
1.  选择任意一个顶点 v∈V 作为根结点
2.  使用算法 MST-PRIM(G,c,r) 计算最小生成树 T
3.  先序遍历最小生成树 T,设 L 是遍历过程中访问的顶点的序列
4.  返回哈密顿回路,该回路以 L 的顺序覆盖顶点
```

定理 12.2.2 算法 APPROX-TSP-TOUR 是求解带有三角不等式的旅行商问题，是多项式时间 2-近似算法。

证明：简单的 MST-PRIM 算法多项式时间需要 $O(V^2)$，不需要计算先序遍历的时间。

显然，先序遍历的顶点顺序为旅行的轨迹。

设 H^* 表示给定一组顶点的最优行程。从 H^* 中删除任何一条边都会生成一棵生成树。因此，最小生成树的权值是最优旅行成本的下界，即 $c(T) \leqslant c(H^*)$。

当顶点第一次被访问时，以及返回访问子树的顶点时，都会列出这些顶点，形成一个完整遍历的序列。例如一个完整序列 $W:a,b,c,b,h,b,a,d,e,f,e,g,e,d,a$。$W$ 将每条边遍历两次（某些顶点可能更频繁），因此
$$c(W) = 2c(T) \tag{12-15}$$

因为 $c(T) \leqslant c(H^*)$，所以
$$c(W) = 2c(T) \leqslant 2c(H^*) \tag{12-16}$$

然而，W 通常不是一个正确的行程，因为顶点可能不止一次被访问。但是，可以通过

三角不等式,删除访问 W 的任何顶点,并且代价不会增加。例如,删除顶点 v 和顶点 w 之间的顶点 u,意味着可以从 v 直接走向 w,不需要访问 u。这样,可以删除所有多次访问的顶点。通过这个方法,完整序列 W 就可以变成:a,b,c,h,d,e,f,g。得到的序列与先序遍历 T 得到的序列相同。这就是是一个哈密顿环路,称它为 H。H 就是由算法 APPROX-TSP-TOUR 计算得出的。因为 H 是通过从 W 中删除顶点得到的,所以

$$c(H) \leqslant c(W) \tag{12-17}$$

得到

$$c(H) \leqslant c(W) \leqslant 2c(H^x) \tag{12-18}$$

 习　　题

1. 随机数产生:以 25% 和 75% 概率分别产生 0 和 1。
2. 贪心算法求解 0-1 背包问题的近似率分析。
3. 举出一个装箱问题的实例,该实例采用首次适合算法 First-Fit 的近似率大于或等于 5/3。